◇湖南省研究生优质课程
◇湖南省研究生高水平教材
◇湖南省研究生课程建设平台资助
供基础医学、临床医学、药学等专业研究生及科研人员使用

实用组织化学与细胞化学技术

主　　编：孙国瑛 李美香

副 主 编：莫中成 李素云

U0250820

CTS　K 湖南科学技术出版社

长沙

编　委 <small>（以姓氏笔画为序）</small>

前　　言

　　组织化学与细胞化学技术是一门涉及组织学、细胞生物学、生物化学、免疫学及分子生物学等多个学科的交叉学科，是生命科学技术的重要组成部分。在各医学院校的医学相关专业的研究生培养方案中，组织化学与细胞化学技术属于必修课程。本编委会依托多个学校中与本课程相关的实际教学内容，组织长期在科研与教学一线的专业领域工作者开展了这本教材的编写。

　　在编写过程中，笔者注重概念的正确、科学名词的准确和实验各试剂含量的精确，以及实验步骤的简明与易操作性。既尽量保证教材的科学性、准确性及实用性，又关注到本学科相关技术的最新进展。

　　本教材受湖南省研究生课程建设平台资助，并已列入湖南省研究生优质课程、湖南省高水平教材建设行列；还获得湖南师范大学和南华大学研究生院及医学院的大力支持。在此，谨向各位编者和所有支持本教材编写的单位和个人致以衷心的感谢。

　　本书内容中重点介绍组织化学与细胞化学常用的实验技术，包括组织切片的制作，免疫组织化学、原位杂交组织化学技术的基本理论与方法，电子显微镜及免疫电镜技术、激光共聚焦显微镜在形态学研究中的应用，免疫组化结果的分析方法等，具有较强的实用性与可操作性，可供生物学、医学科研人员，以及医学各相关专业研究生参考与使用。

由于时间仓促，笔者知识水平和编写能力有限，本教材难免有疏漏、不当或错误之处，真诚欢迎各位同行专家和广大师生批评指正。也期待这本教材能成为广大研究生探索、挖掘新知识的工具，为提高研究生的科研能力作出贡献。

孙国瑛　李美香

2022 年 6 月

目　　录

绪　　论

组织化学（histochemistry），是指在组织水平，对组织内存在的各种物质进行定性、定量以及对其局部的和移动的部位进行分析的方法，可利用于特异的显色反应、显微分光法、荧光抗体法、放射自显影法等。细胞化学（cytochemistry）是研究细胞的化学成分，在不破坏细胞形态结构的状况下，用生物化学和物理的技术对各种组分做定性的分析，研究其动态变化，了解细胞代谢过程中各种细胞组分的作用，是一门研究在细胞活动中的变化和定位的学科。我们将这部分内容归属到一般组织制片技术中。

随着组织化学与细胞化学与其他学科的结合，在一般组织化学和细胞化学技术基础上，出现了免疫组织与细胞化学、原位杂交组织化学；随着对微观组织结构分辨率提升的需求，免疫组织与细胞化学与其他技术的结合，衍生了借助电子显微镜或激光共聚焦显微镜观察特异抗原的电镜技术。

应用免疫学及组织化学原理，对组织切片中的某些化学成分进行原位的定性、定位或定量研究，这种技术称为免疫组织化学技术。免疫组织化学技术在细胞、染色体或亚细胞水平原位检测抗原分子，是其他任何生物技术难以达到和代替的，它能在细胞、基因和分子水平同时原位显示基因及其表达产物，形成了新的检测系统，为生物学、医学和各个领域分子水平的研究与诊断，开拓了广阔的前景。

1941 年，Coons 和他的同事首先用荧光素标记抗体检测肺组织内的肺炎双球菌获得成功。20 世纪 60 年代，Akanke 建立酶标抗体技术——铁蛋白标记 Ab 技术 。70 年代 ，Stemberger 改良上述技术，建立辣根过氧化物酶-抗过氧化物酶（PAP）技术，使免疫组织化学得到广泛应用。80 年代，Hsu 等建立了抗生物素蛋白-生物素-过氧化物酶复合物法（ABC 法）之后，免疫金-银染色法、半抗原标记法、免疫电镜术相继问世。90 年代，分子杂交技术、原位杂交技术、免疫细胞化学分类方法迅速发展。进入 21 世纪后，免疫细胞化学技术以惊人的速度发展，各种免疫组织化学技术更加成熟，使免疫组化技术成为当今生物医学中形态、功能代谢综合研究的一项有力工具。

免疫组织化学技术与分子生物学的理论和技术结合日益密切，基因探针、核酸分子杂交技术、原位 PCR 技术、核酸杂交和免疫细胞化学双标记技术、电镜杂交技术等免疫细胞化学技术的发展，标志着免疫细胞化学又进入了一个新的阶段。核酸分子探针杂交-免疫细胞化学放大和显示杂交信号，可以称为杂交免疫细胞化学。所以，核酸分子探针的研制已成为免疫细胞化学实验室中必不可少的试剂生产技术，学习引进分子生物学的有关技术和设备，建立相应的基因工程实验条件，把基因重组技术、单克隆抗体技术和免疫细胞化学技术融合在一起，就形成了现代免疫细胞化学新的主体。更高倍电镜技术和图像分析、流式细胞仪技术的不断更新，把原位定性、定位和定量技术提高到了更新的水平。

　　免疫细胞化学的全过程包括：①抗原提取和纯化；②免疫动物或细胞融合（单克隆抗体）；③抗体效价检测和提取；④标记抗体；⑤细胞和组织切片标本的制备；⑥免疫细胞化学反应和显色；⑦观察和记录结果。

　　显微镜技术中应用的标记物，要能使抗原-抗体反应与标本的形态学相关联。标记物既要充分显示抗原-抗体反应，又不能消除或掩盖反应产物下面的标本结构。既不能引起抗原-抗体复合物的明显移位，又要对拟探查的未知配体（如抗原）有特异的说明意义。理想的标记物包括两方面的成分：一是显微镜下观察反应剂；二是可结合到所标抗体的反应剂，要具有本身内在的致密特性或是潜在的化学上可被诱发为致密物质的特性。在光学显微镜技术中，常用过氧化酶、碱性磷酸酶等，它们可被显色形成有色反应产物。荧光显微镜技术中的某些物质，如 FITC、RB200 等也较常用。此外，应用 5 nm 的胶体金探针，银加强以产生致密的黑色反应产物，也常被采用。电镜技术中，胶体金可产生比酶方法高得多的分辨率，故在电镜方法中被常规应用。某种物质与致密反应剂的共轨结合，使致密标记物连到初级抗体（一抗）上，这种被结合的蛋白，也可以是抗初级抗体免疫球蛋白（即二抗）或某种蛋白质，如蛋白A、蛋白 G 等，这类蛋白可特异地与某种抗体分子反应并牢固结合。目前，显微镜技术中可应用的致密标记物，已被广泛用于多种动物种属各种抗体或相关的蛋白分子，许多生物技术公司已有相关商品提供。

根据标记物的不同，免疫细胞化学技术可分为免疫荧光细胞化学技术、免疫酶细胞化学技术、免疫铁蛋白技术、免疫金-银细胞化学技术、亲和免疫细胞化学技术、免疫电子显微镜技术等。近 10 年来，核酸分子原位杂交采用生物素、地高辛等非放射性物质标记探针，与免疫细胞化学技术密切相合，发展为杂交免疫细胞化学技术。不同的免疫细胞化学技术，各具有独特的试剂和方法，但其基本技术框架是相似的，都包括抗体的制备、组织材料的处理、免疫染色、对照试验、显微镜观察等步骤。此外，双重和多重标记技术也有重要的用途。

如今，免疫组织化学技术以其特异性强、敏感性高、定位准确、形态与功能相结合等特点，在临床病理学中展现出极大的优势，为诊断医学开辟了崭新的局面。免疫组织化学技术已发展成为常规病理诊断中必不可少的、可靠的辅助手段，对于疾病分类、预后评估、临床治疗等产生了巨大影响，同时也扩展了人们对于各种疾病形成过程的认识，提高了病理诊断与研究水平。未来，随着不断创新与优化，免疫组化技术将发挥更重要的作用。

（贺丽萍）

第一章 组织制片技术

  组织制片技术是组织学、胚胎学、病理学、法医学、生物学等学科观察和研究组织、细胞的正常形态和病理变化的常用方法。组织制片技术其基本过程是选取所需观察的组织或细胞，并用固定剂固定组织、细胞，保持其微细结构；制成薄片，用不同的染色方法增加各部分的色差；在显微镜下观察组织、细胞的形态结构，或者利用化学或物理方法显示组织、细胞内的某些化学成分，并可进行形态和化学成分的定量分析。

第一节 取材与固定

一、动物福利与实验动物的伦理要求

  动物实验是生命科学研究中必须采用的研究手段，对于生物医学、生物技术的发展起着非常重要的作用。但随着社会的发展，实验动物的福利及动物实验的伦理问题越来越引起人们的关注。重视实验动物的福利和伦理是社会文明的体现，也是对用于人类健康研究的实验动物生命的尊重。

  从事动物实验必须遵守基本的动物实验伦理：

  1. 从事实验动物工作的人员应爱护实验动物，不得戏弄

或虐待实验动物，避免对实验动物造成伤害和痛苦。

2. 实验动物的饲养条件、饲养密度、卫生状况、饲料、饮水和运输条件等应尽可能以最佳的条件善待动物。

3. 除非麻醉药会干扰实验结果同时又无其他方法减轻痛苦的，实验时都必须用麻醉药等方法减轻动物的痛苦。

4. 动物实验结束时，采用安乐死方法处理必须处死的实验动物。

二、处死动物的方法

（一）处死动物的方法概述

1. 小动物　麻醉法、断头法。

2. 较大的动物　空气栓塞法、麻醉法、电击法处死。空气栓塞致死常有器官淤血，乙醚麻醉致死的动物常有肺淤血。

（二）不同动物的处死方法

1. 麻醉法

（1）乙醚吸入麻醉法：较小的动物如小白鼠、大白鼠等，可用乙醚吸入麻醉方法，将浸透乙醚的棉花放入玻璃罩或玻璃缸内，把动物放入其中，罩好玻璃罩或盖上玻璃罩，待动物麻醉起效后再行取材。注意，此法容易引起动物内脏出血。

（2）戊巴比妥钠或氨基甲酸乙酯（乌拉坦）注射麻醉法：较大的动物如兔、猫、狗、猴等，乙醚吸入麻醉效果不好，一般用3%戊巴比妥钠溶液注射麻醉，由静脉或腹腔注入麻醉剂，5～15 min 便能生效，麻醉起效后，再做放血处理，以免内脏充血，麻醉剂注入量为每千克体重 1～2 mL。

2. 空气栓塞法 采用空气栓塞法可使动物较快死亡，即用注射器回抽空气于针管内，从动物静脉注入空气，可立即导致实验动物死亡。此方法的缺点是空气注入血管，血管内产生空气栓塞，致使动物血管和脏器内淤血，故应尽快切断主要动脉放血，再进行器官取材。

总之，无论用何种方法处理动物，必须尽快取材，否则组织和细胞成分容易发生自溶和解体。

三、组织标本的取材

组织标本主要取自活细胞检查标本、手术切除标本、动物模型标本以及尸体解剖标本等。前三者均为新鲜组织，后者是机体死亡 2 h 以上的组织，可能有不同程度的自溶，其抗原可能有变性消失、严重弥散的现象，因此，尸检细胞应尽快固定处理，以免影响免疫组织化学标记效果。但有些较稳定性抗原，如 HbsAg、HbcAg 等在尸检标本中，抗原显示仍较好。

组织标本的取材常受到各种因素的影响，如各种内镜钳取的组织，常因过度挤压而变形，严重者可能造成组织结构被破坏。大组织标本病变分布广泛，抗原在组织中分布不均一，常出现人为的组织取材不准确。为了避免上述缺点，组织取材时应注意：①活检钳的刀口必须锋利，以免组织受挤压；②取材部位必须是主要病变区；③必须取病灶与正常组织交界区；④必要时，可取远距离病灶区的正常组织作对照；⑤为充分保持组织的抗原性，标本离体后应立即处理，或立即冻成冰块进行冷冻切片，或立即用固定液固定进行脱水、浸蜡、包埋、石蜡切片。如不能迅速制片，可贮存于液氮罐内或－70 ℃冰箱内备用。

（一）组织标本取材的一般原则

1. 首先选择好取材部位和切面　管状器官应包括管壁的各层结构，实质性器官则应包括皮质、骨髓及器官的重要结构。注意观察病变的标本，要取到有病变的部位。

2. 切取组织材料时，动作要轻柔，不要牵拉、挤压组织。所用刀、剪要锋利、干净，一般从刀根部拉向刀尖，切忌来回切割、挤压组织。避免镊子夹伤组织。

3. 组织块的厚度应控制在 0.2 cm 以内，过厚不利于固定剂的渗透，影响固定效果。柔软的组织不易切薄，可先取稍大的组织块，待经固定使组织块变硬后，再修切成薄块继续固定。

4. 取动物的脑、心、肝、肾等器官时，可先经血管注入固定液固定，取材后再固定。在组织化学和免疫细胞化学方法中常用此法。

（二）不同组织标本取材的方法

组织取材的方法也是制片的一个重要的技术问题，必须根据教学和科研的具体要求确定组织取材的部位和方法，否则机体的组织结构可能观察得不全面、不清楚。因此组织取材的方法是十分重要的，除了应掌握解剖学和组织学的基本理论知识外，还要掌握实际的操作技术。每一个标本和取材的方法，不能任凭个人的兴致去剖取组织制片，否则将无法达到教学和科研工作的要求。

　　组织取材一般先取腹腔内的器官组织，切取腹腔内脏器的程序如下：首先取肝脏、胆囊，其次取肾、肾上腺，再次取胰腺、脾、胃、十二指肠、空肠、回肠、结肠等，然后取胸腔及盆腔内的器官组织，最后取神经系统。组织取材前注意先对该器官组织做大体检查，确认是否正常，有无病变等，然后才能取材。

　　1. 肌组织取材　肌组织根据其形态和功能分为平滑肌、骨骼肌、心肌3种。平滑肌分布于内脏器官，如胃、肠管、膀胱、子宫等组织中。心肌分布于心脏，骨骼肌又名横纹肌，大多附着在骨骼上，舌肌和食管上段均为横纹肌，骨骼肌取材以舌肌和肋间肌最理想，除此以外，胸锁乳突肌和缝匠肌亦较好。取材时，注意防止因肌肉收缩引起肌纤维波浪形变化，从而影响对肌纤维形态的正常观察。故骨骼肌在固定前可将肌肉纵切一条，两端用线结扎，将结扎的两端分别绑在一个自制的弓形玻璃棒上，使肌肉呈直线状（图1-1），然后再浸入固定液中固定，此法可避免肌肉收缩时纤维形态的改变。骨骼肌切片应取纵、横两个切面。

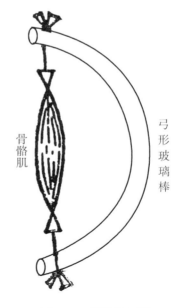

图 1-1　骨骼肌固定

2. 消化系统器官取材

（1）肝脏：首先对肝脏进行大体检查，检查肝脏有无脂肪变性、充血、寄生虫、肝硬化、肿瘤等情况。肝脏左右分四叶，组织学取材一般在肝脏右前叶或左外叶中部作纵切（图1-2），然后再取样并切成若干小块分别投入固定液中固定。肝脏取材部位不宜过大，因肝是实质性器官，固定液不易迅速渗入组织内，一般以厚2～3 mm为宜。

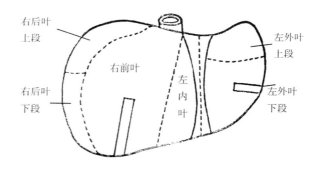

图1-2　肝脏取材示意图

（2）胆囊：先将胆囊与肝脏分离，用无齿镊子扶起胆囊，用小刀或剪刀细心地将胆囊与肝脏分离，从两侧将胆囊剪开，倒掉胆汁，用生理盐水充分冲洗干净，然后开始取材，注意不要取贴附于肝脏两面的部位，可在游离面胆囊的体部作纵切面（图1-3），以被膜面附贴于滤纸上，再行固定。另外亦可直接在胆囊游离面的体部取材，取下胆囊立即附贴于滤纸上，再置于生理盐水中充分洗去胆汁，然后投入固定液固定。注意不要让镊子损伤胆囊黏膜。

（3）胰腺：分为胰头、胰体、胰尾3部分。胰腺取材，一般取胰腺的尾部作横切面（图1-3），因胰尾含胰岛较多，便于做胰岛细胞的特殊染色研究，取材时应注意去除胰腺周围的脂肪组织，以免影响胰腺组织的固定，胰腺有各种消化酶，动物死后易自溶，因此取材操作要快，才能保持标本新鲜；组织块切取体积要小，以免固定液无法进入器官内部而发生组织自溶变性。

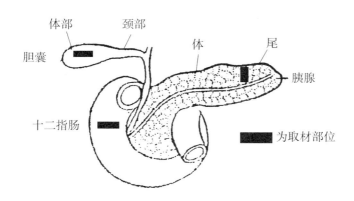

图1-3　胆囊、胰腺及十二指肠取材示意图

（4）食管：取人体的食管组织困难，可选用猴或狗的食管，其他动物的食管不宜用。食管上1/3段为骨骼肌，下1/3段为平滑肌，中1/3段由骨骼肌和平滑肌构成，其中下1/3段食管腺较丰富，因此组织切片通常取下1/3段食管更好，可作整体横切面。取材时注意保存其被膜和内膜，同时要防止组织因收缩而变形。如在动物食管内插入一圆形玻璃棒，再进行固定，可保持食管充盈的形态（图1-4）。

（5）胃：胃是消化管的膨大部分，可分为贲门、胃底、胃体及幽门部，胃充盈时皱襞减少，甚至消失。胃取材一般以胃

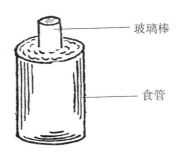

图 1 - 4　食管固定示意图

内空时为好。如果胃内有贮存的食物，应先用生理盐水冲洗干净，然后检查胃黏膜是否有充血、溃疡等情况，胃溃疡多见于近幽门部的小弯处，胃黏膜正常呈灰白色，故取材时可在胃底或胃体部作纵切面（图 1 - 5），因胃腺主要分布在胃底和胃体，待组织取出后，洗去胃内的食物残渣，放在滤纸上铺开，防止卷缩，而后投入固定液中固定。

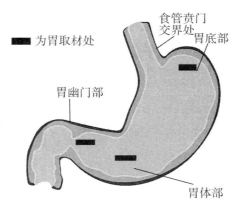

图 1 - 5　胃取材示意图

　　（6）十二指肠：人的十二指肠全长约 25 cm，呈"C"形，分球部、降部、水平部和升部 4 个部分。组织学取材一般取降部和水平部，取标本时应避开胆总管和胰管的开口处（图

1-3)。十二指肠在取材制取时，可引起其肌层平滑肌的剧烈收缩，肌层收缩时黏膜外翻则变形，故取材可用注射法固定，先将所取部分两端结扎，然后注射固定液。注意固定液注入的量不宜过多，注射后逐步投入固定液中固定 4～6 h，再行取材。取材时先除去两端的结扎部分，将十二指肠作横切面，然后浸入固定液按常规继续固定 24 h。

（7）结肠：结肠分为升结肠、横结肠、降结肠和乙状结肠 4 部分，前三部分在腹腔中围成"n"形。组织学取材一般取横结肠和降结肠纵切面，取出结肠首先在生理盐水中洗除粪便，为防止肌层卷缩，可附贴于滤纸上，然后放入固定液中。

（8）回肠：回肠上接空肠，下与盲肠交界，回肠特点之一是有集合淋巴结，故取材应切取有淋巴结的地方，作横切面或纵切面均可，肠腔内容物应用生理盐水洗去，以便进行固定。

（9）阑尾：阑尾又名蚓突，其根部连于盲肠的内后壁，长 5～10 cm。组织学取材可在阑尾中部作横切面，并洗除阑尾腔中的内容物，然后予以固定。

3. 泌尿系统取材

（1）肾脏：肾脏是人体主要器官之一，但肾脏制片常遇到困难，有时不易获得完善的切片标本。这是由于肾脏组织较易出现蛋白质变性、混浊肿胀和脂肪变性，有时也会出现肾小管自溶等情况，故取材和固定是关键的环节。取材前，先检查肾脏外形，肾各部分的质地是否一致，被膜是否有粘连，有无坚硬和囊样区域等。肾脏取材可采用两种方法：方法一是先从肾脏注射固定液，固定以后再取材。固定液由肾动脉注入，在注射同时切断肾静脉，使在固定液注入的同时肾脏内的血液也随之排出。这样处理就不会使肾脏内部的管道扩张而影响肾脏原有形态。固定液注射后，全肾投入固定液 2～4 h 后，再剖开肾脏切取成小块组织。方法二是先取出肾脏，沿肾的外侧缘的中部直到深部作纵切面，将肾脏切成两半，然后在肾的半面基础上，再作扇形切面。注意：每一个扇形切面要包含皮质和髓质区（图 1 - 6）。切成小块组织后，直接投入固定液中固定 24 h，再按照常规方法处理。

沿肾的凸面切开（纵切面）

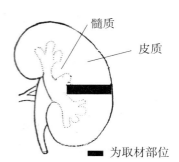

髓质

皮质

■ 为取材部位

图 1 - 6   肾纵切及取材示意图

（2）输尿管与膀胱：一般取输尿管下 1/8 段，作整体横切面，膀胱取材应注意其生理情况：膀胱充盈即扩张时，膀胱上皮只有 2～3 层细胞；膀胱空虚时即膀胱收缩时，膀胱上皮有 8～10 层细胞，故取材一般都取收缩时期的膀胱组织。取材时沿膀胱前壁中线切开，然后在膀胱体部作纵切面。由于切取时容易引起膀胱平滑肌收缩，可将组织贴附于滤纸上，然后再行固定。

4. 呼吸系统取材

（1）肺：肺位于胸腔，左肺两叶，右肺三叶，肺的显微解剖主要观察肺内的各级支气管和肺泡的结构，故肺的取材不能取肺的边缘部分，应取肺小叶的中部，一般作横切面（图1-7），能全面看到肺内小支气管→细支气管→终末细支气管→呼吸性细支气管→肺泡管→肺泡囊→肺泡的组织结构为好。肺取材时，首先应观察肺的大体情况，肺是否有充血、肺气肿、肺粘连等情况，再进行后续取材。由于肺内含有空气，固定液难以渗入，脱水比较困难，因此肺的固定可以采用注射法进行。从肺支气管或肺动脉注射固定液，注意从支气管注射固定液时（图1-7），速度一定要慢，注入固定液的量不能过多，过急、过量均会引起呼吸性支气管和肺泡破裂，影响后续肺组织切片的观察和损伤判断。在完成肺组织固定液的注射后，将整个肺投入相同固定液中6～12 h，再取出切成小块组织。

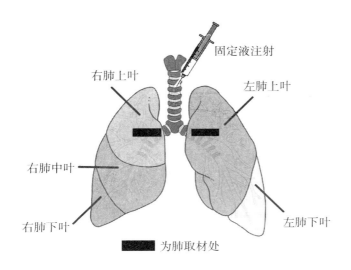

图 1-7　肺取材示意图

（2）气管：以大鼠为例，麻醉处死后，仰卧位固定，分离气管。尽可能保留多的气管部分，结扎一端，从另一端灌注固定液，再行结扎。为防止气管变形、黏膜层脱落，可在气管腔内插入一圆形玻璃棒，再进行固定，可保持气管充盈的形态。

5. 循环系统取材

（1）心脏：取心脏，应先剪开心包膜，然后用左手持心脏，将上下腔静脉分别隔断，再将肺动脉和肺静脉在距离瓣膜3 cm处切断，并将主动脉在主动脉瓣4 cm左右切断，取出心脏。组织学观察心室壁的构造，主要是取左心壁，左心室剖开的方法，首先用解剖刀在左右肺静脉入口之间与左心房联系起来作一直线，然后沿心脏的左缘至心尖部切开，再由心尖部沿着心室中隔之平行线切开左心室的前壁和主动脉，这样左心室便全部剖开。一般可切取左心室乳头肌部位，沿乳头肌的长轴作纵切面，在乳头肌上有比较丰富的浦肯野纤维。若需要组织学观察心脏传导系统，可取窦房结和房室结，窦房结位于心脏的上腔静脉入口和右心耳的连接处，在该部位取材作纵切，必须切入深部才能看到窦房结；房室结在左心房心内膜下，位于三尖瓣附着的部位。

（2）血管：血管的组织取材分多种类型，如大动静脉、中动静脉、小动静脉、微动静脉、毛细血管等。大动脉可取主动脉，大静脉可取上腔静脉或下腔静脉；中动脉可取肱动脉、股动脉及尺动脉，中静脉可取肱静脉、股静脉及尺静脉；小动静脉、微动静脉在每个器官的结缔组织中均有分布；毛细血管可在胃底部结缔组织中寻找，或心脏心肌之间。

6. 免疫系统取材

（1）胸腺：胸腺一般采用人体组织，胸腺位于胸腔纵隔，形状大小随年龄而异。因胸腺随年龄的增长而逐渐萎缩，故年龄较大的胸腺不适合做组织学教学观察。胸腺取材后，外表用生理盐水冲洗。器官切开后，置于固定液中固定。

（2）淋巴结：淋巴结为大小不等的椭圆体器官，质柔软，正常时呈灰白色。组织学切片一般可取肠系膜淋巴结、髂内淋巴结或颈部淋巴结。淋巴结取材后，固定时应予以切开，否则固定液不易渗入淋巴结髓质中央。

（3）脾脏：脾脏取材后，先观察大体情况，注意脾的形状和大小，被膜是否粘连等情况。脾脏取材后，先经过冲洗，再用生理盐水经脾动脉注射冲洗（图1-8），同时，切断脾脏各处静脉，为了冲洗更充分，甚至可以切开脾脏两端，以便其内部血液迅速被冲洗出来。采用生理盐水充分将脾脏内部的血液冲洗干净，至脾脏呈灰白色为度，这样便可在此后制作的切片中，清晰地显示出脾索和脾血窦。脾冲洗完成后，作横切面取

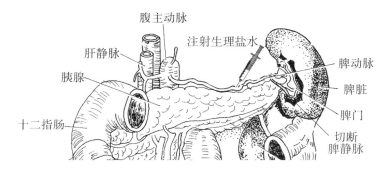

图1-8 脾冲洗示意图

材，按常规方法固定。

7. 生殖系统取材

（1）子宫：子宫为梨形的肌性器官，上宽下窄，分为 3 部分：宫底、宫体、宫颈。取材时，自子宫颈至宫体中心部的前壁正中切开，然后再分别向两侧朝输卵管对角方向切至子宫左右两角，整个切口呈"Y"形（图 1 - 9）。子宫取材可取子宫前壁部分，作纵切面，应注意包括内膜、肌层及外膜。子宫颈一般作矢状切面。

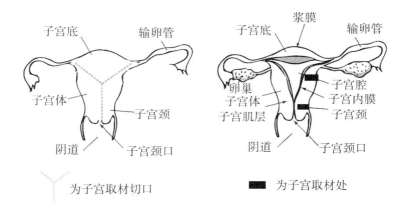

图 1 - 9   子宫取材切口及取材部位

（2）输卵管：输卵管为腔性器官，取材一般在其峡部或壶腹部作横切面，但应注意管腔是否肿大，有无内容物。

（3）睾丸：睾丸取材，可从睾丸外侧缘切下去，直切至附睾及睾丸输出管，分开为两半，然后固定。睾丸也可采用注射法固定。由睾丸动脉注射入固定液同时切断睾丸静脉。注射后，再置入固定液中按常规方法固定。

8. 神经系统

（1）脊髓：脊髓上端与延髓相连接，下端终止于尾椎。脊髓有两个膨大部分，即颈膨大和腰膨大。脊髓取材，可首先在背部自枕骨突起沿椎骨棘突一侧至骶骨作一长切口，剥离背棘上的软组织及椎弓上的骨膜等，再用骨锯锯开两侧椎弓，将棘骨和椎板用骨剪剪除，露出脊髓。组织学取材一般取腰膨大的部分作横切面（图1-10），并连同双侧的脊神经节取下，置于滤纸上，再行固定。

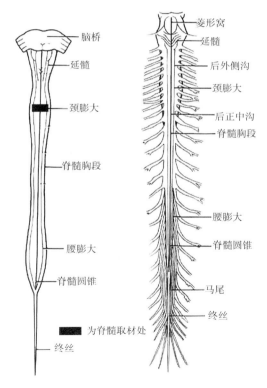

图 1-10 脊髓取材示意图

（2）神经纤维：有髓神经纤维取材一般取坐骨神经或股神

经。取这些神经的纵横切面，因神经纤维切断时容易收缩变
形，故在固定前，可将神经的两端用丝线扎起来分别绑在一个
弓形玻璃棒上（图 1 - 11）。注意结扎的两端应稍拉紧，使神经
呈直条状，这样可阻止神经纤维变形。固定好后，再将神经从
弓形玻璃棒上取下来冲洗。

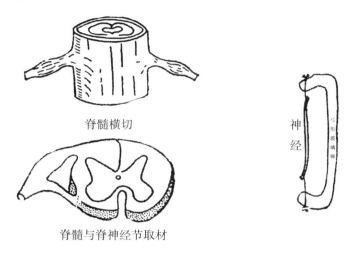

脊髓横切

脊髓与脊神经节取材

图 1 - 11　脊髓与神经取材示意图

（3）大脑和小脑：首先用骨锯锯开颅骨，注意锯时不要伤
及脑组织，取下颅骨盖，露出硬脑膜，然后用剪刀沿正中线的
矢状窦，将硬脑膜完全除掉。取脑时可用左手四指插入额叶与
颅骨之间，把额部脑组织向后抬起，露出嗅神经和视神经，再
切断视神经、颅内动脉和中脑漏斗。将整个大脑向后托起，并
用刀尖或剪刀剪开小脑幕镰，为防止大、小脑向外下垂，可用
左手将其托起，轻轻向后拉出，然后将各对脑神经切断，再用
解剖刀伸入枕骨大孔内切断脊髓，即可将完整的大、小脑从颅
内取出。取材时用刀片取大脑组织，一般是切取大脑半球中央

前回和中央后回的部分，作冠状切面（图1-12）。小脑取材可在小脑蚓部作纵切面，将大脑组织切取为小块组织片，平放在滤纸上再行固定，以防变形。延脑和脑桥均可作横切面取材。

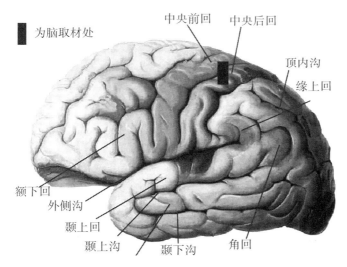

为脑取材处

中央前回　中央后回

顶内沟

缘上回

额下回
外侧沟
颞上回
颞上沟　　颞下沟　　角回

图1-12　脑组织取材示意图

9. 感官系统取材

（1）眼球：眼球的外壳为眼球壁，内部有屈光装置，故眼球一般作整体取材，在摘除眼球时细心地剥离眼眶内与眼球连接的组织。注意切勿伤及眼球壁，眼球的视神经应保留0.5 cm左右。切断视神经将眼球取出，然后将固定液从后房注入，亦可由颈动脉注入，注入量不宜过多，至眼球壁稍扩张即可。眼球组织必须新鲜，否则其视网膜易剥离，眼球与其他组织不同，体积较大，巩膜系致密组织，眼后方充满玻璃体，有的眼部组织很脆硬，如晶状体经固定脱水后质地变硬变脆，其内部构造较细微，制片较困难。故眼球一般都用火棉胶切片，眼球用70％乙醇脱水以后，在眼壁的两对侧打开两个小窗口，以便让脱水剂和火棉胶充分地渗入眼球内部。

（2）内耳：取人的内耳组织较困难，故一般选用豚鼠的内耳组织作为材料。豚鼠的内耳易于取材，且结构非常典型，适于制作教学标本。内耳由骨迷路和膜迷路构成。前庭和半规管的膜迷路内有位觉器，耳蜗膜迷路内有听觉器。通常重点是观察听觉器，但取材应将整个内耳取下，先用注射法固定后，然后将整个内耳投入固定液中固定。内耳一般平外耳道水平切片，便可观察其全部结构。切片时要注意听觉感受器结构的完整。

四、组织标本的固定方法与固定液的配制

由人体或动物体取出的组织，欲制成切片，必先进行固定。固定剂对组织的作用有如下特点：①为了更好地保持细胞和组织原有的形态结构，防止组织自溶，有必要对细胞和组织进行固定。固定的作用不仅是使细胞内蛋白质凝固，终止或抑制外源性和内源性酶活性，更重要的是最大限度地保存细胞和组织的抗原性，使水溶性抗原转变为非水溶性抗原，防止抗原弥散，以保持组织原有的形态结构。②组织和细胞内的物质通过固定剂的作用，因为蛋白质等凝固和沉淀，使组织内各种物质产生不同的折光率，方能在染色后利于采用显微镜观察组织结构。③某些固定液具有硬化组织的作用，有利于组织切片，如甲醛、乙醇、氯仿及丙酮等。④某些固定液具有媒染（媒染使细胞更易于着色）的作用，如重铬酸钾、铬酸等。

（一）组织标本的固定

1. 浸入法　从人体或其他动物体取出的组织，切取成小块，直接投入固定液中固定。必要时可在低温（4 ℃）环境下进行，固定时间可根据抗原的稳定性以及固定液性质而定，一般为 2～12 h。注意，采用此方法的组织块不宜过大过厚，否则固定液不易迅速渗透，特别是某些致密结缔组织的中央部分。所以浸入法针对的小块组织大小一般以 1 cm×1 cm×0.3 cm 为宜，其厚度不要超过 0.5 cm，否则会影响固定效果。

2. 局部注射固定法　某些组织或器官如肺、肝、肾，固定液难以渗透进入深层组织，或渗透很慢，或渗透不均匀。此外，为了保持器官外形或防止卷缩等现象，可采用局部注射固定液的方式进行固定。如肺可由气管或肺动脉注射固定液，注射速度要慢，用力要均匀，注射量要适当，以防肺泡破裂。肝、肾可从肝、肾动脉注射固定液，注射时要切断其静脉。从管腔中注射固定液，固定 4～6 h 后，再分别将组织切取为小块组织，继续投入固定液中固定。

3. 整体灌注法　整体灌注法即全身注射固定法，对于神经系统、消化系统器官的固定效果较好。任何一种固定液，由颈总动脉和股动脉等输入，从另一端切开静脉放血。固定液输入后，不必立即取材，可让其继续固定一段时间，固定时间应根据不同固定液所需时间决定。如用甲醛固定液，应固定 24～48 h；Zenker 固定液，固定 24 h 左右。外周组织一般在灌注后 30 min 内取材，置同一固定液中浸入固定 1～3 h，然后修整组织块。保持标本的新鲜很重要，研究显示肽类抗原活性在断绝血液供应后 24 h 几乎完全丧失。

灌注法固定可使固定液迅速达到全身各组织，达到充分固定的目的。灌注冲洗还能排除红细胞内假过氧化酶的干扰。浸入法主要适用于活检和手术标本，以及其他不能进行灌注的组织固定。用于免疫细胞化学技术的固定液种类较多，选择时应根据所要检测物质的抗原性和切片方法，以及所用抗体特征等进行最佳筛选。现介绍两种近年报道的新方法。

（1）丙酮-甲基苯-甲酸-二甲苯（acetone meth enzoate xylene，AmeX）法：AmeX 法是改良的冷冻置换法的简称，主要用于石蜡包埋标本。Sato（1986）报道，该法具有同新鲜（未固定）组织冷冻切片同样的抗原保持性和石蜡切片的良好组织结构保存性。其机制为：组织在丙酮中固定（脱水），组织细胞内水分逐渐被丙酮取代，继之，用苯甲酸酯取代组织内丙酮，经二甲苯转换后，用石蜡包埋。组织在 $-20\ ℃$ 丙酮内过夜。如在该固定液内加入少量蛋白酶活性阻断剂，并采用低熔点石蜡包埋等，可获得更佳染色结果。

（2）微波固定法：该方法能保持良好的组织结构和抗原性，适于各种切片的酶组织化学、免疫细胞化学技术以及免疫电子镜等材料固定。其固定机制可能与微波（频率 $1000\sim3000$ MHz）具有被水吸收的性质（通常所用的微波是周波数 2450 MHz，波长 12 cm）有关；生物材料含有大量水分，照射后温度升高，分子运动加快，促进固定液向组织内渗透，加速与组织成分的反应，短时间内达到固定的效果。经微波照射固定的组织，需置于相同固定液中，继续室温固定 $2\sim6$ h。

专供固定用的微波炉已商品化，该类微波炉能够准确地调节照射时间和测定被照射材料的瞬时温度。利用家庭微波炉代替时应选用能以秒为单位调控的微波炉。实验材料的不同，所需固定液的量、照射时间等各异，所以应在预实验的基础上，找出合适的固定液量、照射时间和温度。多数实验室的条件为：固定液 5～10 mL，照射 10～30 s，照射后固定液的温度≤50 ℃。其方法为：将实验标本置于微波炉旋转台的中央，周边放一烧杯 300～500 mL 纯水，吸收照射时炉内产生的热量，选择强挡照射 10～30 s，因为在接通电源至微波炉实际产生之间，有一定的时间延误。一般情况下，微波固定后常需同种固定液再行加强固定。也可利用超声波代替微波照射，或两者并用，照射后组织标本和固定液的温度升高较少，亦能在短时间内获得良好的固定效果。

4. 蒸汽固定法　注意针对比较小而厚的标本，可采用锇酸或甲醛蒸汽固定法。如血液涂片，则应在血片未干燥前采用锇酸或甲醛蒸汽接触固定。将血液或细胞涂片置于一个有盖的玻璃干燥器中，其中加入适量的甲醛或锇酸固定液加温至45 ℃～56 ℃，1～5 min 即可。

（二）组织固定的注意事项

1. 温度对于组织的固定有很密切的关系。温度高，固定液的渗透会加快，固定的时间应缩短，但容易引起组织收缩；温度低，固定液的渗透会变慢，可适当增加固定的时间，同时，低温可抑制组织中酶的自溶。一般组织固定的温度控制在10 ℃～20 ℃为好。

2. 进行固定的组织材料必须是新鲜的。通常在动物死后半小时内固定为最好，最晚不超过 2 h。

3. 固定液的渗透力有强有弱，不同固定液的渗透力有很大的差别，所以组织的厚度应切实注意。

4. 组织固定采用的固定液，以新鲜配制为好。

5. 固定的时间，可因固定液的性质及渗透力的强弱、组织块大小而定。固定时间一般不能超过所规定的时间，以免固定时间过长，组织过度硬化或收缩，这会导致切片困难，并影响后续的染色。

6. 较大的组织标本在切小块后，厚度仍然超过 0.5 cm 以上者，最好置于冰箱内冷藏固定。

7. 固定时，应注意组织在固定液中的位置。沉淀在固定液瓶底的组织块，往往组织块下面部分不容易受到固定液的作用。可在放入组织块前，在固定液瓶底放适量棉花，使组织落于棉花上。

8. 固定液与组织块的体积量比例控制在 20∶1。

（三）固定液的特点与配制

1. 固定液的特点　固定液固定组织的目的，在于固定液可阻止蛋白质自溶变性，保持其原有形态结构。因此，用于固定组织的固定液，必须注意其是否具有下列几方面的特性：

（1）对蛋白质、脂肪及碳水化合物等具有沉淀和凝固作用。

（2）渗透力的强弱，穿透组织的速度。

（3）对组织引起收缩和膨胀的情况。

（4）对组织硬化的程度。

（5）固定液的 pH 值。

（6）对组织染色的影响。

2. 固定液的配制　用于免疫组织化学的固定剂种类较多，性能各异，在固定半稳定性抗原时，尤其重视固定剂的选择。

（1）醛类固定剂：为双功能交联剂，其作用是使组织之间相互交联，保存抗原于原位，其特点是对组织穿透性强，收缩性小。有人认为它对 IgM、IgA、J 链、K 链和 λ 链的标记效果良好，背景清晰，是常用的固定剂。

1）10％钙-甲醛液：浓甲醛 10 mL，饱和碳酸钙 90 mL。

2）4％中性甲醛（10％中性缓冲福尔马林液）：浓甲醛 10 mL，0.1 mol/L 磷酸盐缓冲生理盐水（phosphate buffered saline，PBS）液 90 mL（pH 7.4）。

3）4％多聚甲醛磷酸缓冲液：多聚甲醛 40 g，0.1 mol/L PBS 液 500 mL（pH 7.4），两者混合加热至 60 ℃，搅拌并滴加 1 mol/L NaOH 至清晰为止，冷却后加 PBS 液至总量 1000 mL。

4）4％多聚甲醛-磷酸二氢钠/氢氧化钠：多聚甲醛 40 g，先溶解多聚甲醛，然后加 $Na_2HPO_4 \cdot 2H_2O$ 16.88 g，NaOH 3.86 g，加蒸馏水至总量 1000 mL。该固定剂适用于光镜和电镜免疫组织化学研究，用于免疫电镜时，最好加入少量新鲜配制的戊二醛，使其终浓度为 0.5％～1％。该固定剂较温和，适于组织的长期保存。组织标本于该固定液中，4 ℃冰箱保存数月仍可获得满意的染色效果。

5) 戊二醛-甲醛液：戊二醛 1 mL，浓甲醛 10 mL，蒸馏水加至 100 mL。戊二醛是二醛基化合物，交联结合力比甲醛大，Bullock 认为交联过强，可出现组织改变和空间遮蔽现象，影响组织的抗原性。但 McDonald 等认为，该试剂用于 PAP 法免疫酶标记效果仍满意。

6) 甲醛升汞固定液：浓甲醛 10 mL，氯化汞 6 g，乙酸钠 1.25 g，蒸馏水 90 mL。有人认为此固定液是较理想的固定液，标记 IgA、IgM、IgG 等抗原效果良好。也有人认为它减弱细胞的抗原性，上皮细胞可产生非特异性荧光，故不宜用于免疫荧光标记。氯化汞是一种强蛋白凝固剂，但对组织穿透性弱，且使组织收缩，故与甲醛混合使用。

7) 乙酸-甲醛液（浓甲醛 10 mL，冰乙酸 3 mL，生理盐水加至 100 mL）。Bullock 等认为此液固定效果良好，组织可不经消化，细胞质 IgA、IgG、IgM、IgD 和 K、K、λ、J 链标记均呈阳性，且背景染色极淡。如标记 IgG，用 PAP 法时第一抗体仅为甲醛升汞液的 1/10。此液内乙酸既可防止组织收缩，又可暴露细胞质免疫球蛋白抗原决定簇。

8) Bouin 液及改良 Bouin 液：1.22％苦味酸饱和液、甲醛和冰乙酸按 15：5：1 的比例混合成 Bouin 液，改良 Bouin 液不加冰乙酸。该固定液是组织化学常用的混合固定剂之一。Bouin 液对大多数组织固定效果良好，比单独醛类固定更适合于免疫组织化学染色。它具有如下特点：①其渗透能力强，固定均匀，组织收缩小，染色效果好。②适用范围广，特别适合于富含结缔组织的标本和胚胎标本，能够软化皮肤角质，并可以用于植物组织的固定。③因为本产品含有苦味酸，会溶解火棉胶，所以如果用于火棉胶包埋，必须进行洗脱苦味酸处理（用70%～80%乙醇洗涤）。不足之处在于固定液偏酸（pH 3～3.5），对抗原有一定损害，且长时间可导致组织收缩较为明显，故不适用于组织标本的长期保存。此外，由于苦味酸有毒，操作时应避免吸入或与皮肤接触。

9）Zamboni液：该固定液可用于电镜免疫细胞化学，对超微结构的保存优于纯甲醛，也适用于光镜免疫细胞化学研究。采用2.5%多聚甲醛和30%饱和苦味酸，更可增加对组织穿透力和固定效果，以保存更多的组织抗原。固定时间为6～18 h。

10）过碘酸-赖氨酸-多聚甲醛（periodate lysine-paraformaldehyde，PLP）：该固定剂适用于富含糖类的组织，对超微结构及许多抗原的抗原性保存较好。其机制是过碘酸氧化组织中的糖类形成醛基，通过赖氨酸的双价氨基与醛基结合，从而与糖形成交联。组织抗原大多数是由蛋白质和糖两部分构成，抗原决定簇位于蛋白部分，故该固定液有选择性地使糖类固定，既稳定抗原，又不影响其在组织中的位置。固定时间为6～18 h。

配制方法：

①储存液A（0.1 mol/L赖氨酸-0.5 mol/L Na_3PO_4，pH 7.4）：称取赖氨酸盐酸盐1.827 g溶于50 mL蒸馏水中，得0.2 mol/L的赖氨酸盐酸盐溶液，然后加入Na_2HPO_4至0.1 mol/L，将pH值调至7.4，补足0.1 mol/L的磷酸缓冲液

（phosphate buffer，PB）至 100 mL，使赖氨酸浓度也为 0.1 mol/L，4 ℃冰箱保存，最好两周内使用。此溶液的渗透浓度为 300 mOsm/(kg・H_2O)。

②储存液 B（8%多聚甲醛溶液）：称 8 g 多聚甲醛加入 100 mL 蒸馏水中，配成 8%多聚甲醛液（方法见前）。过滤后 4 ℃冰箱保存。

③临用前，以 3 份 A 液与 1 份 B 液混合，再加入结晶过碘酸钠（$NaIO_4$），使 $NaIO_4$ 终浓度为 2%。由于 AB 两液混合，pH 值从约 7.5 降至 6.2，故固定时不需再调 pH 值。

Mclean 和 Nakane 等认为，最佳的混合是：含 0.01 mol/L 过碘酸盐、0.075 mol/L 赖氨酸、2%多聚甲醛及 0.037 mol/L 磷酸缓冲液。Karnovsky's 液：多聚甲醛 30 g 溶解于 PB，加 25%戊二醛 80 mL，加 0.1 mol/L PB 至 1000 mL。该固定剂适于电镜免疫组织化学，用该固定液在 4 ℃短时固定，比在较低浓度的戊二醛中长时间固定能更好地保存组织的抗原性和细微结构。固定时最好先灌注固定，接着浸泡固定 10～30 min，用缓冲液漂洗后即可用树脂包埋或经蔗糖溶液后，可用于恒冷切片。

（2）非醛类固定剂：碳化二亚胺、二甲基乙酰胺、二甲基辛酰亚胺和对苯醌等均适用于多肽类激素的组织固定，单独使用时，边缘固定效应差，但与戊二醛或多聚甲醛混合使用，效果明显改善。

1）Zenker 液：重铬酸钾 2.5 g，氯化汞 5 g，硫酸钠 1 g，蒸馏水 100 mL，混合溶解后，临用时加冰乙酸 5 mL。该固定液对免疫球蛋白染色最佳，固定时间 2~4 h，染色前必须脱汞色素。

2）碳化二亚胺液 [1‐ethyl‐3（3‐dimethyl-aminopropyl）‐HCL]：2 g 溶于 100 mL 0.01 mol/L pH 7.4 PBS 中。此液宜用于标记多肽类激素的组织，对标记 IgA、IgG 效果不佳。主要用于免疫胶体铁组织化学的固定液。

3）碳二亚酰胺-戊二醛液（ECD-G 液）：0.05 mol/L PB 500 mL、0.01 mol/L PBS 500 mL、Tris 约 14 g、浓 HCl 少许、ECD 10 g、25％戊二醛 3.5 mL。ECD [1‐ethyl‐3（3‐dimethyl-aminopropyl）carbodiimide hydrochloride]，即乙基-二甲基氨基丙基碳亚胺盐酸盐，简称乙基 CDI。该液常用于多肽类激素的固定，对酶等蛋白质固定效果良好，对细胞内抗原定位、超微结构保存好，是一种培养细胞电镜免疫组织化学研究的良好固定剂。在 24 ℃固定 7 min 后，以 PBS 洗去固定液，即可进一步处理。配制方法：先以约 500 mL 的 PB 与相同体积的 PBS 混合，加入 Tris（使其终浓度为 1.4％）溶解，以浓 HCl 调 pH 至 7.0，再将事先称取好的 ECD 和戊二醛加入混合液，振摇后计时，用 pH 计检测，2~3 min 时，pH 值降至 6.6，再以 1 N 的 NaOH 在 4 min 内调 pH 值至 7.0。

4）0.4％ 对苯醌（parabenzoquinone）：对苯醌 4.0 g 溶于 0.01 mol/L PBS 1000 mL。对苯醌对抗原具有较好的保护作用，但对超微结构的保存有一定影响，故常与醛类固定剂混合使用。一般要求临用前配制，且避免加热助溶，因加热或放置时间过长，固定液变为棕色至褐色，会使组织标本背景增加，影响观察。注意：对苯醌有剧毒，使用时要避免吸入或与皮肤接触。

5）PFG 液（parabenzoquinone-formaldehyde-glutaraldehyde fixative，PFG）：对苯醌 20 g、多聚甲醛 15 g、25% 戊二醛 40 mL，加 0.1 mol/L 二甲酸钠缓冲液 至 1000 mL。对苯醌与戊二醛及甲醛联合应用，既可阻止醛基对抗原的损害，又不影响超微结构的保存，故适用于多种类抗原的免疫组织化学，尤其是免疫电镜的研究。

6）四氧化锇（锇酸，Osmic Acid，OsO_4）：OsO_4 是电镜研究所必需的试剂，常用于后固定。尽管 OsO_4 主要为脂类固定剂，但也可与肽类及蛋白质起作用，形成肽-蛋白质或肽-脂交联。过氧化物酶的反应产物经 OsO_4 处理后，电子密度增高，适于电镜研究。但由于 OsO_4 的反应产物对光及电子有较明显的吸收能力，因此在免疫组织化学染色前常需去除，去锇在光镜水平常用 1% 高锰酸钾，在电镜水平则常用 H_2O_2 来处理。

（3）丙酮及醇类固定剂：是最初免疫细胞化学染色的固定剂，其作用是沉淀蛋白质和糖类物质，对组织穿透性很强，保存抗原的免疫活性较好。但醇类对低分子蛋白质、多肽及细胞质内蛋白质的保存效果较差，解决的办法是与其他试剂混合使用，如冰乙酸、乙醚、氯仿、甲醛等。

1）Clarke 改良剂：100% 乙醇 95 mL，冰乙酸 5 mL。用于冷冻切片的后固定。

2）乙醚（或三氯甲烷）与乙醇等量混合液：固定效果好，

是理想的细胞固定液。

3）AAF 液：95%～100%乙醇 85 mL，冰乙酸 5 mL，浓甲醛 10 mL。

4）Carnoy 液：100%乙醇 60 mL，氯仿 30 mL，冰乙酸 10 mL，混合后 4 ℃保存备用。

5）Methacarn 液：甲醇 60 mL，氯仿 30 mL，冰乙酸 10 mL，混合后 4 ℃保存备用。储存条件：常温运输，4 ℃保存，有效期半年。本产品为甲醇、氯仿、乙酸等混合固定液。Methacarn 固定液对核内抗原的保存效果较好，适用于某些抗原、癌基因蛋白产物检测的固定。固定时间应根据组织块大小确定，一般室温固定 4～24 h。

后两种固定液适于某些抗原、癌基因蛋白产物检测的固定、P53 抗癌基因蛋白产物、PCNA 等抗原的保存。

丙酮的组织穿透性和脱水性更强，常用于冷冻切片及细胞涂片的后固定，保存抗原性较好，于 4 ℃低温保存备用，临用前，只需将涂片或冷冻切片插入冷丙酮内 5～10 min，取出后自然干燥，储存于低温冰箱备用。

用于免疫组织化学的固定剂种类很多，不同的抗原和标本均须经过反复试验，选用最佳固定液。不少学者认为，迄今尚无一种标准固定液可以用于各种不同的抗原固定。而且同一固定液固定的组织，免疫组织化学染色标记效果可截然不同。选择最佳固定液标准是：①能最好地保持细胞和组织的形态结构。②最大限度地保存抗原的免疫活性，一些含金属的固定液在免疫组织化学技术中是禁用的。实践经验告诉我们，中性缓冲甲醛（或多聚甲醛）是适应性较广泛的固定液，但固定时间不宜过长。必要时，可做多种固定液对比，从而选出理想的标准固定液。

固定组织时应注意：①应力求保持组织新鲜，勿使其干燥，尽快固定处理。②组织块不宜过大过厚，尤其是组织块厚度必须控制在 0.3 cm 以内。③固定液必须有足够的量，其体积一般大于组织 20 倍以上，否则组织中心固定不良。④组织固定后应充分水洗，去除固定液，以减少固定液造成的假象。

第二节　组织冲洗、脱水与透明

石蜡不溶于水而溶于二甲苯等有机溶剂，故固定好的组织块须先用乙醇、丙酮、正丁醇等脱水剂脱去组织中的水，后用二甲苯、甲苯、香柏油等透明剂置换出乙醇，此过程即脱水、透明。再用石蜡渗入组织块，冷凝后变硬（即浸泡、包埋），就可在切片机上切片了。

固定后的组织块经清洗，由低浓度到高浓度的乙醇脱水，一般为 70％、80％、90％、95％和 100％浓度梯度的乙醇。为保证脱水充分，95％ 乙醇和 100％ 乙醇可置换 1 次，但总时间不变。然后放入二甲苯 15～30 min，至组织块透明为止。

一、组织冲洗

组织经过固定液固定后，一般必须用水冲洗，冲洗的目的，一方面是停止固定液继续对组织的作用，另一方面可使组织中含有的固定液被除去，以免影响染色。但某些固定液固定的组织可不经水冲洗，或用乙醇洗净，或直接浸入乙醇脱水。这应根据固定液的类别和性质而定。例如，Zenker，Helley 和 Flemming 等固定液，即一般含汞、重铬酸钾和铬酸等的固定液均应充分用水冲洗。Bouin、Carnoy 和 FAA 等固定液则不用水冲洗，可直接入 50％乙醇或 70％乙醇洗涤。在甲醛液中长期固定的组织，则应用水充分冲洗。冲洗方法常用的主要有以下几种：

（一）简易流水冲洗法

本冲洗法比较简单，用一个广口瓶，在瓶口上用纱布盖好，再用小棉绳或橡皮筋扎住瓶颈，然后用玻璃管穿过纱布直插瓶底，玻璃管另一端装上橡皮管接上自来水龙头，让水徐徐地通过瓶内流出，使组织在瓶底微微摆动即可，冲洗的时间与固定的时间成正比。

（二）一列式玻瓶或水槽冲洗法

可用一列式玻瓶或特别的水槽冲洗方法，此法冲洗比较彻底，冲洗时间为 12～24 h。

（三）倒置冲洗法

此外，还可用倒置冲洗法，用大玻管冲洗，多个铝制冲洗盒放置于玻管中，按上述装置冲洗组织。这种冲洗方法效果亦很好，一般连续冲洗 12 h，就达到完全洗净的目的。

（四）乙醇洗涤法

某些固定液固定的组织不经水冲洗，可直接利用乙醇脱水或用乙醇洗涤。组织自固定液取出后，直接放入盛有乙醇的瓶中，组织与乙醇为 1∶20 的比例，乙醇洗涤的时间可视组织的大小和性质而定，一般在 12～24 h 之内以 50%～70%乙醇洗涤，更换 3～6 次乙醇，每 4 h 更换一次。

组织冲洗后，若因特殊情况，暂时不能进行脱水包埋，可在 70%乙醇中较长时间保存，若用下列溶液，效果更佳，保存液配制如下：甘油 10 mL，80%乙醇 90 mL。混合后即可使用。若时间过久，保存液变色，应重新配制新的液体。

二、组织脱水

标本经过固定和冲洗，组织中含有较多的水分，无论用石蜡切片，或火棉胶切片，都必须除去组织中所含的水分，这一过程称为脱水。组织经过脱水，便于进行石蜡或火棉胶包埋。脱水使用的试剂，称为脱水剂。脱水剂必须使水在任何条件和比例下都能混合，并使组织内水分逐渐除去，由脱水剂取代组织中水分，同时又能与透明剂混合。

（一）脱水剂

脱水剂种类很多，如乙醇、乙醚、正丁醇、丙酮、异丁醇、二氧氯环等，最常用的是乙醇。

1. 乙醇　可作固定剂，又可作脱水剂，但乙醇与水混合时有较剧烈的物理反应。高浓度的乙醇对组织有强烈收缩及脆化的缺点，由此用乙醇脱水不能直接入纯乙醇中脱水，而必须经过由高到低的一系列不同浓度的乙醇，逐渐取代组织中水分，以保证组织脱水彻底，并避免组织过度收缩和硬化。

2. 丙酮 亦可用作固定剂，与乙醇相似，又可作脱水剂。脱水能力比乙醇强，但对组织的收缩更大，在组织学制片中较少使用，多用于病理快速切片，或用于某些组织中水解酶的固定。

3. 正丁醇 是较好的脱水兼透明剂，此液无色透明，可与乙醇及石蜡混合，用于脱水时可先经过各种不同浓度的正丁醇和乙醇混合液，再入正丁醇，进行石蜡包埋时，可先用正丁醇和石蜡等量混合液，然后浸入纯石蜡包埋。正丁醇用于脱水的优点是很少引起组织收缩和脆硬，可替代二甲苯，是很好的脱水剂，但由于价格较贵，不常使用。

4. 二氧氯环 为无色透明液体，易挥发，比重为 1.048，能与水、乙醇及二甲苯混合。组织经此剂脱水后，可直接浸蜡包埋，其优点是对组织收缩少，但有毒性，使用时应注意。

（二）脱水方法

通常多用乙醇脱水，为减少组织的收缩，所用乙醇的浓度应由低浓度开始，逐渐升高浓度。一般从 50%乙醇开始，经 70%、80%、90%、95%几个浓度乙醇至纯乙醇。对易于脆硬的组织和胚胎组织应从 35%乙醇开始，以免引起组织过度收缩。

脱水的时间应根据组织的体积与厚度而定，体积 1 cm×1 cm、厚 2～3 mm 的组织经 50%、70%、80%乙醇各浸 6～8 h，95%乙醇浸 2～4 h，纯乙醇浸 1～2 h，体积 1 cm×1 cm、厚 5 mm 的组织经 50%、70%、80%乙醇各浸 6～12 h，95%乙醇浸 4～6 h，纯乙醇浸 2～4 h。如果很多组织块同时脱水，一般 95％乙醇和纯乙醇各经 2 次，以保证组织中水分充分脱净。但组织在纯乙醇中脱水时间不能过长，否则组织过度硬化脆变，不易切片。特别是肝、脾、肾、膀胱及肌肉组织不能超过 2～4 h。

此外，脱水的时间与固定液的种类有关，含苦味酸固定的组织在乙醇中时间过久无妨，但经铬化的组织，如用 Regaud 液固定的，则在乙醇脱水时间应尽量减少，否则组织脆硬，切片难以成功。

1. 乙醇脱水过程（表 1-1）

表 1-1　乙醇脱水过程

2～3 mm 厚组织块		5 mm 厚组织块	
试剂	脱水时间	试剂	脱水时间
①50％乙醇	6～8 h	①50％乙醇	6～12 h
②70％乙醇	6～8 h	②70％乙醇	6～12 h
③80％乙醇	4～6 h	③80％乙醇	6～8 h
④95％乙醇Ⅰ	2～4 h	④95％乙醇Ⅰ	3～6 h
⑤95％乙醇Ⅱ	2～4 h	⑤95％乙醇Ⅱ	3～6 h
⑥100％乙醇Ⅰ	1～2 h	⑥100％乙醇Ⅰ	2～4 h
⑦100％乙醇Ⅱ	1～2 h	⑦100％乙醇Ⅱ	2～4 h

2. 丙酮脱水过程　如果是丙酮固定的组织，则不必再经过乙醇脱水，可以用新的丙酮更换一次，便直接浸入二甲苯或苯中透明化。其他水溶液固定的组织，均按上述乙醇脱水方法脱水，亦可由100％乙醇中移入丙酮继续脱水 2～4 h 再入二甲苯中透明化，透明化后渗蜡包埋。

3. 正丁醇脱水过程　组织（厚1～3 mm）用正丁醇脱水

前，先经50％乙醇脱水，然后移入正丁醇和乙醇混合液中脱水（表1-2）。

表 1-2　正丁醇脱水过程

试剂	脱水时间	试剂	脱水时间
①50％乙醇	6～12 h	⑥75％正丁醇、25％乙醇混合液	2～3 h
②20％正丁醇、50％乙醇混合液	5～8 h	⑦85％正丁醇、15％乙醇混合液	1～2 h
③35％正丁醇、50％乙醇混合液	4～6 h	⑧95％正丁醇、5％乙醇混合液	1～2 h
④45％正丁醇、45％乙醇混合液	3～5 h	⑨100％正丁醇Ⅰ	1～1.5 h
⑤40％正丁醇、40％乙醇混合液	3～4 h	⑩100％正丁醇Ⅱ	1～1.5 h

注：混合液中所配制的正丁醇和乙醇液剩下的百分比为加入蒸馏水的量。

三、组织透明

　　组织经过固定、冲洗和脱水以后，欲制成石蜡切片，必须用石蜡包埋，但乙醇不能与石蜡混合，需要经过一种乙醇与石蜡之间的媒浸物，此即透明剂。透明剂取代乙醇，而使组织成透明状态。液状石蜡能取代透明剂而浸入组织间隙中，当石蜡形成固体状态以后，便能顺利地达到组织埋藏的目的。

　　透明剂一般都是石蜡的溶剂，透明剂的种类很多，常用的有二甲苯、甲苯、苯、香柏油、氯仿、丁香油、松节油等。

（一）二甲苯

　　二甲苯为最常用的透明剂，易挥发，折光率为1.497，沸点为 144 ℃，透明化能力强，能溶于醇及醚，但不能与水混合，为石蜡溶剂。组织在二甲苯中透明化的时间不宜过久，否则容易收缩变硬变脆。一般在浸入二甲苯透明化前，应先经二甲苯与纯乙醇混合液以减少组织的收缩。二甲苯中有时含有水分，可滴加液状石蜡检查，若出现混浊，即表明有水，可放入无水硫酸铜吸水。有的组织如肌肉、肌腱、软骨、骨、皮肤、头皮及眼球等，不宜用二甲苯透明化，这些组织经二甲苯透明化处理后会因为组织过硬而不易切片。二甲苯常用于石蜡切片以前的脱蜡剂和染色以后的透明剂，经二甲苯透明化处理的切片不易褪色。

（二）甲苯

甲苯性质与二甲苯相似，其沸点低于二甲苯，为110.8 ℃。透明化速度较慢，对组织收缩少，不易脆变，透明化时间较二甲苯长，一般需 8～12 h 或更长。

（三）苯

苯的性质与二甲苯相似，是十分优良的透明剂，其沸点为80 ℃，挥发极快，容易吸水，透明化速度较甲苯慢，一般需12～24 h 才能使之透明。用苯透明化处理时，应先经苯与乙醇的混合液，再入纯苯剂。

（四）香柏油

香柏油作为透明剂用，效果很好，黄色透明，折光率为1.52，有高度透明化组织的作用。能与醇和二甲苯混合。香柏油透明剂对组织的硬化及收缩程度比其他任何透明剂都要小，但透明化的速度较慢，3 mm 以下厚度的组织块需 12 h 以上，

5 mm左右的组织，则需透明化处理24～36 h。香柏油与石蜡不易融合，即香柏油不易被石蜡取代，因此经香柏油透明化以后，可经二甲苯短时间媒浸，再进行石蜡包埋。

（五）三氯甲烷

三氯甲烷俗称氯仿，能与醇、苯及醚等混合，透明化处理力度较弱，比二甲苯、甲苯及苯等的作用要慢，但组织不易变脆，用于神经纤维、脊髓、大小脑的透明，效果很好，其缺点是挥发快，容易吸水，故透明时应密封瓶口，或在瓶底放置硫酸铜。组织在氯仿中透明化的时间应长于二甲苯的三倍，一般为24～48 h。氯仿适用于大块组织的透明化处理。

（六）苯胺油

苯胺油又称安尼林油，可作透明剂，也是一种媒染剂，未氧化前无色，氧化后成深褐色，能与乙醇和乙醚混合。它可作透明剂，同时兼有脱水作用。透明化处理力度较弱，组织在此液中不易变硬变脆，时间较二甲苯要长，一般组织脱水经过50%乙醇以后，便可开始用苯胺油乙醇混合液透明化处理。

四、脱水与透明环节中的注意事项

1. 90%以下乙醇中可过夜。80%乙醇还可作为组织块保存液，一般不影响免疫细胞化学的效果。

2. 柔软的组织和胚胎标本可从30%或50%乙醇开始脱水，以减少组织的收缩。

3. 更换乙醇时，可用吸水纸吸去组织块表面的水，用干燥的瓶子，盖紧瓶盖，提高脱水效果。脱水时间视组织的种类和组织块大小不同而定，较致密的组织可适当延长脱水时间。

4. 组织块的透明以光线基本能透过组织块为宜。脱水不够，组织块有白色浑浊状核心，应重新脱水。透明时间一般不超过 1 h。透明过度，组织变脆，切片时易破碎。

第三节　浸蜡与包埋

一、浸蜡

浸蜡是石蜡包埋的重要过程。组织经过脱水透明化处理后，即将透明组织移入已熔化的石蜡中，使熔化为液体的石蜡透过组织间隙渗透到组织中去，然后包埋成组织蜡块，以便作石蜡切片。石蜡分为软蜡和硬蜡，熔点为 45 ℃～56 ℃的一般称为软蜡，熔点为 56 ℃～58 ℃或 60 ℃～62 ℃称为硬蜡。组织渗蜡时，先经软蜡渗蜡，再入硬蜡（56 ℃～58 ℃）渗蜡。组织渗蜡的全过程都在恒温电烤箱中进行，每隔一定时间取出组织，替换一个新蜡杯。注意渗蜡的温度和渗蜡的时间十分关键。

组织渗蜡的过程：

方法（一）：软蜡Ⅰ→软蜡Ⅱ→硬蜡→包埋。

方法（二）：软蜡Ⅰ→软蜡Ⅱ→硬蜡Ⅰ→硬蜡Ⅱ→包埋。

组织渗蜡时，可在温箱中放置 3～4 个蜡杯，按上述方法（一）或（二），可使石蜡更充分地渗入组织中。此外可在每个蜡杯底部放一张滤纸，则石蜡中不洁之物可沉落在滤纸上，以便被除去。

二、包埋

包埋即组织经过固定、脱水、透明及浸蜡各步骤，在浸蜡过程中使石蜡浸入组织达到饱和程度，并连同溶化的蜡，一并倾入一个特别的包埋框内，冷却后，便凝固成定形的蜡块。组织包埋成蜡块后，组织获得了一定硬度和韧度，就能被切成微薄的切片。石蜡包埋方法，为组织胚胎学最常用的方法，因石蜡包埋整个过程比较迅速，最大的优点是能切至 2 μm 的薄片，当然也有缺点，即只适用于小块组织，不适于大块组织。包埋石蜡，一般应用硬蜡为好，根据气候可以调整，在夏天气温较高可用熔点 60 ℃～62 ℃的蜡，冬天气温低可用熔点 56 ℃～58 ℃的蜡，所用石蜡要求透明无杂质，并有一定的黏韧性。蜡的熔点应与组织的硬度相适应。过硬的组织可用硬度较高的石蜡包埋。柔软的组织则以硬度较低的石蜡包埋，包埋用的石蜡可以重复使用，但使用多次后须加以过滤，以免蜡中含有异物或残渣损害切片刀，造成切片失败。

（一）石蜡包埋过程

1. 在组织浸蜡按方法（一）进入第三蜡杯或按方法（二）进入第四蜡杯后，便开始做包埋的准备。

2. 装好金属包埋框，或折叠好纸盒。如用保温台，则打开保温台，将金属包埋框放在保温台上面。

3. 将包埋蜡置电炉上熔化，但包埋时蜡的温度应控制在65 ℃左右。

4. 点燃酒精灯，准备好无齿尖镊子，需做标记的，应写好标签。

5. 包埋开始，先将已熔化的包埋石蜡（温度 65 ℃左右）倾入金属包埋框或纸内，倒满即可。

6. 在包埋专用恒温箱中，用无齿镊子从最后一个浸蜡杯中取出组织块，迅速置于包埋框或纸盒内。

7. 组织置于包埋框时，首先必须确定组织的方位，将切面朝下面放，平置于框。组织放在包埋框中央。用镊子轻微地在组织上轻压一下，然后将标签分别放在蜡上。其标记可写在纸盒上。

8. 上述步骤完成后，包埋框或纸盒内的蜡逐渐凝固。

9. 待蜡块完全凝固以后，便可拆卸包埋框，或拆开纸盒，取出蜡块，包埋即完成。

（二）石蜡包埋注意事项

1. 包埋时夹取组织的镊子，应随时烤热，一般每夹 1～2 次，须加热一次。

2. 包埋操作要敏捷，组织从浸蜡杯中取出置入包埋框中的时间应尽量缩短，愈快愈好。在空间停留过久，则组织表面已凝固。若包埋框中的蜡不能熔化组织表面的浅固层，则会形成组织与包埋蜡分离状态，切片将无法进行。

3. 包埋后的蜡块应呈均质半透明状，如果出现白色混浊状，一般出现在组织周围或组织的底部，应考虑几个方面的问题：①脱水不彻底。②包埋蜡温度偏低，组织进行包埋时，包埋框中的蜡已成凝结状。③组织内残留有较多的透明剂，而这类透明剂往往不易与石蜡混合。④石蜡不纯。

4. 包埋温箱中的温度必须保持恒定，温度过低石蜡呈半溶解状或凝结状，组织中不能全面渗透石蜡，切片难以成功，过高则高温将引起组织收缩和脆硬，切片亦不能成功，故温箱中温度应严格控制。

5. 一般用硬蜡包埋，但也要根据组织块、气温等调整。较硬的组织可用硬蜡包埋，较柔软的组织可用软蜡或者软蜡与硬蜡混合包埋，夏季室内温度高，可用 56 ℃～60 ℃ 石蜡包埋。

6. 若包埋后发现浸蜡不够，或包埋得不好，可将蜡块溶化，重新浸蜡和包埋。

7. 拆叠纸盒的纸，应用牛皮纸或蜡纸等硬纸，纸盒包埋组织，可在纸盒中滴加液状石蜡，以便蜡块易于从纸盒中取出。

8. 有的组织块不易渗入石蜡（如肺、眼球、完整胚胎），可用负压浸蜡法。即将熔蜡杯置于与真空泵相连的容器内，抽出组织块中的气体，有利于石蜡的浸入。

9. 用纸盒包埋应注意，待蜡表面凝结后，必须放入冷水中，使其迅速凝固成蜡块，否则蜡块中将出现白色结晶，对切片不利。

第四节 切片与贴片

一、切片

光镜免疫细胞化学染色，常用的有冰冻切片和石蜡切片两种，两者各有其优缺点，应根据抗原的性质、实验室条件合理选择。对未知抗原显示时，最好同时应用。冷冻切片为免疫细胞化学研究首选。用于光镜的免疫组织化学染色的切片厚度一般要求 5 μm 左右，神经组织的研究要求切片厚度在 20～100 μm，有利于追踪神经纤维的走行。

组织切片技术，为整个制片过程中关键性的步骤。制作高质量的切片，不仅要有完备的仪器和药品等设备，更重要的是应具备相当熟练的优良技术。由于科学技术飞跃发展，各种新式尖端的仪器不断涌现，因此切片的方法也日益增多。这里仅就我们目前常用的几种方法分述如下。

（一）石蜡切片法

石蜡切片为常用切片方法，应用范围最广，一般多用回转切片机，可获得连续切片，但也可以用滑动机切片，但因为滑动切片机不能使蜡片连续，故较少使用。

1. 石蜡切片操作程序

（1）组织经石蜡包埋后，做成了蜡块，切片前，将蜡块从包埋框或包埋纸盒中取出，修整蜡块，用切蜡刀视其组织大小，切去边缘余蜡的一部分，但应在蜡块周边留有石蜡边

0.2 cm，蜡块的四边留蜡的距离要均等。不能一边多留，另一边少留，否则将使连续切片受到影响。修整好的蜡块可置入冰箱中保存备用。

（2）准备好切片用具：磨好并经过镜检的切片刀，毛笔1支，小手术刀1把，盛蜡片盘数个，二甲苯或氯仿一小瓶，药棉等，夏天还需要准备冰块。

（3）将修整好的蜡块安装在金属持蜡器或木持蜡器上，如系金属持蜡器，安装时可先将持蜡器加热至 70 ℃～80 ℃，然后稍用压力将蜡块底部压于金属持蜡器上，立即一并投入冷水中，则蜡块便稳固地附贴于持蜡器上。若系木持蜡器，则可用一小铜片铲加上石蜡，加热至 70 ℃～80 ℃，先倒一部分熔化的蜡于木持蜡器上，然后再取蜡块将底部置于小铜铲上，此时连同小铜铲一起放在木持蜡器上。当蜡块略熔化后，立即压住蜡块，抽掉小铜铲，蜡块便滑落在木持蜡器上，冷却后，蜡块可牢固地黏附在持蜡器上。

我们一般不用持蜡器，即将修整好的蜡块，经冷冻后，直接安装在切片机的组织块夹持器中进行切片，当然如果蜡块太小，还需用持蜡器。

（4）将装好在支蜡器上的蜡块，再安装到切片机的蜡块夹持器上，将螺旋下的夹板旋紧，不用支蜡器直接安装的蜡块，螺旋不能旋得过紧，否则蜡块易于压碎。

（5）将切片刀装在切片机的夹刀座上，并把刀座上的螺旋旋紧，以固定切片刀。切片刀与蜡块应保持一定的角度，如是双平面刀，则倾斜角为 12°～15°。平凹面刀倾斜角为 4°～6°。

将刀座下部前后移动，以调整好切片刀与蜡块的距离。如遇蜡块与切片刀方向不一致，可用蜡块夹持器上调节方向的螺旋进行适当的调节，使两者平行。上述准备就绪以后，便将各部的螺旋旋紧。

(6) 调整切片机的厚度调节器至所需的厚度，石蜡切片一般厚度为 $4 \sim 6$ μm。厚度调节上刻有 $0 \sim 50$ μm 或 $0 \sim 25$ μm等。

(7) 切片机上各部机件调节好后，便开始切片，用右手握住切片机旋转轮的手柄，摇动旋转轮进行切片。每摇动一转便切下一片，连续摇动旋转轮，切片借石蜡的黏性便一片连着一片地被切下来，可连成一条很长的蜡带，即谓石蜡连续切片。切片时以左手持毛笔牵引着蜡带向前拉，一般切到 $20 \sim 30$ cm 长便可，然后以毛笔很轻巧地将蜡带取下，平放在切片蜡盆内，注意光滑的那一面朝下放，以便贴片。

(8) 切片时，用力要均匀，速度要均匀，否则容易引起切片厚薄不一。切片完毕，应将蜡块取下，并将切片刀用二甲苯擦净，切片机上的碎蜡应清除，切片机上的微动部分均须经常上油，以减少机件的磨损。

2. 石蜡切片常遇到的问题及解决的方法　石蜡切片的过程并不复杂，但是也不容易掌握，这与技术熟练的程度有很大关系。因此有时比较顺利，有时则由于多方面因素遇到许多困难，甚至多次失败，特别对于初学者，失败了也不要灰心，可针对出现的问题，找出原因和解决办法。

(1) 问题：切片弯曲不成直带。

原因：①蜡块上下两边或左右两边不平行。②蜡块与切片刀刀口不平行。③切片刀的锋利程度不一致。④组织外形不整齐。

解决方法：①将蜡块四边反复修平对称。②调节蜡块夹持器与切片刀平行。③移动切片刀，更换刀口位置。④在修整组织时，注意修切整齐。

（2）问题：切片上卷，不能形成蜡带。

原因：①切片刀不锋利。②切片刀的斜度过大，或切片过厚。③石蜡硬度过大。④蜡块四周留蜡边太少。

解决方法：①暂停切片，重新磨刀。②调整切片刀的角度至 $12°\sim15°$，切片适宜厚度为 $4\sim6~\mu m$。③蜡块太硬，可在切片机旁加电热器，或开动室内空调机提高室温。④可重新包埋，或将蜡块四周熔化，再放入包埋框中补蜡。

（3）问题：切片皱褶多，不能张开成一平片。

原因：①石蜡熔点太低或室温过高。②切片刀不够锋利。③切片刀上黏有残余石蜡，刀口不洁。④切片刀的斜度太小。⑤组织渗蜡时间不够，或脱水透明不够。

解决方法：①石蜡熔点低补救的办法，可将蜡块置入冰箱中冰冻后切片，并在切片时，一边切片，一边用冰块冰冻或更换石蜡。室温过高，可开动空调降温。②将切片刀磨锐利再行切片。③调整切片刀到最适当的角度。④切片刀不洁，可用二甲苯将刀口擦拭干净。擦拭刀口最好用棉花。⑤组织透蜡不够，可重复渗蜡过程。

（4）问题：切片上有裂缝，或出现裂纹。

原因：①切片刀上有小缺口，或刀口不平整。②蜡块中含有沙尘或小气泡。③组织中可能含有硬性物质。④包埋时，石蜡冻结太慢，或蜡温过低，蜡块中出现小白点。

解决方法：①切片刀某处有缺口，可更换刀口部位，或重新磨刀。②石蜡中有不洁之物，将其过滤后再用，气泡过多可重新包埋。③组织中硬性物质太多，则不宜用。④纠正包埋时的缺点，一般待蜡块周围凝结一层，即可放入冷水中。

（5）问题：切片脆烂或组织脱出与蜡分离。

原因：①组织脱水，透明不够。②浸蜡时间过长，浸蜡温度过高。③某些组织如肝脏等在 95% 乙醇中脱水时间过长。④组织脱出是由于脱水，透明时间不足；或组织中含有乙醇、香柏油等，石蜡不易渗透入组织中，故出现石蜡与组织分离。

解决方法：①必须按组织大小厚薄选择脱水、透明时间。②根据组织的性质和结构特点确定浸蜡时间，控制浸蜡包埋温度。一般这种情况难以补救。③在 95% 和 100% 乙醇中脱水时间过长，若已包埋，则无法补救。④脱水、透明和浸蜡不够，应重新熔化，退回入二甲苯和乙醇，再行浸蜡包埋，但效果不佳。

（6）问题：切片粘贴在切片刀上或蜡块上，不易取下。

原因：①在切片时有电附作用，即产生的静电吸引，在冬季或气候干燥时常出现此种情况。②组织太硬。

解决方法：①静电吸引的补救方法，可在室中煮水，以增加空气中湿度而减少电附作用。②软化组织，可用甘油浸泡。

（7）问题：切片厚薄不够均匀。

原因：①切片微动部分失灵，齿轮跳格。②切片机上的组织块夹持器或夹刀螺旋丝未旋紧，或刀的斜度太大或太小。③蜡块太大、过硬，转动时刀刃受到震动。

解决方法：①修理切片机失灵部分，调整各部螺旋，加油润滑机件。②将蜡块石蜡连续切片夹持器和切片刀夹刀装置的各部螺旋扭紧，调整刀的斜度。③蜡块过大，以后取材宜小，蜡块中组织过硬，可返回水中或加甘油浸泡，再重新脱水和包埋。

（二）火棉胶切片

火棉胶切片法在组织学和神经解剖学的制片中常用，此法适用于大块较坚硬的组织。由于火棉胶制片过程中不经加温包埋等过程，故减少了组织收缩和过度硬化，切片一般无卷折和破裂分离现象。用于制作眼球、内耳、肌腱、脱钙骨、软骨成骨、膜内成骨等制片和神经组织的许多特殊染色方法，效果很好。火棉胶切片法的缺点是制片过程需时较长，其切片较石蜡切片厚，不易切成几微米的薄片，操作技术要复杂些。

1. 火棉胶的配法　火棉胶又称硝化纤维，是由浓硝酸和浓硫酸作用于脱脂棉制成。火棉胶溶于乙醚和乙醇混合液，易燃烧，不能溶于水及低浓度乙醇。火棉胶有固态的，亦有液态的。市面售的火棉胶大都是 5％ 液态火棉胶。固态火棉胶用无水乙醇和乙醚等量混合液溶解，配成 5％、10％、15％、20％和 25％ 的液态火棉胶备用。火棉胶溶解很慢，在溶解中可不时摇动，以加速其溶解。

配好的火棉胶应密封避光，以防止乙醚和乙醇挥发。用过的火棉胶可以重复使用，但火棉胶中的水分蒸发和乙醚、乙醇完全挥发后，须重新配制。

2. 火棉胶常规制片过程

（1）组织固定：火棉胶切片的组织固定方法与石蜡切片基本相同，但不宜用于含苦味酸的固定液。因苦味酸能软化火棉胶，使用下述方法可防止软化作用：组织固定浸入70％乙醇，再浸入下面的液体（香柏油5 mL，无水乙醇40 mL，甘油10 mL，硝酸5 mL）12～48 h，然后用95％乙醇充分洗净、脱水。

（2）脱水和浸胶：火棉胶切片脱水时间应长些，要彻底除去组织中水分，以便火棉胶充分渗入组织内。脱水和浸胶时间可根据组织大小及厚度处理。

（3）火棉胶包埋：组织经脱水和充分浸胶后，便可包埋。包埋的步骤如下：①用优质木块或牛骨特制包埋座，并在其包埋座上刻有横直交错的小槽，以便包埋时固定组织。包埋前先将木质或牛骨包埋座置入乙醚和无水乙醇混合液中浸泡片刻，然后在包埋座四周围上硬纸做成包埋框。②从20％火棉胶中取出组织，置入包埋器的中央。注意组织切面朝上，然后倒入20％的火棉胶于包埋器中，倒满为止。③立即滴加三氯甲烷，使包埋块迅速硬化定形。④将包埋块置入玻璃容器内密封，或将包埋块放入玻璃干燥器内，并在玻璃容器中加入适量的氯仿，充分硬化包埋块。一般12～24 h包埋块即可达适宜硬度。⑤包埋块硬化后，置入70％乙醇中长期保存，可逐步增加包埋块的硬度，以便于切片。

（4）火棉胶切片：虽不能像石蜡切片那样切成连续带状，但仍可作连续切片。火棉胶切片用滑动机所切片较石蜡切片厚，6 μm 以下较困难，多为 8～15 μm 。切片刀用平凹面的刀。切片步骤和方法如下：①切片前首先检查切片机，在各个加油孔内以及切片机的滑道上加润滑油。先试行滑动若干次，使机件运动灵活。②将火棉胶组织块安装在切片机夹持器上，旋紧螺旋予以固定。③将切片刀安装在夹刀器上，推动夹刀装置对准火棉胶组织块上。调整到与组织块的角度，使刀与滑行轨道成 20°～30°，刀的斜度一般为 5°～10°。④配备 70％乙醇一缸置于切片机旁，在未切片前，不时在火棉胶组织块上滴加乙醇，以防火棉胶组织块干燥变形。⑤调整切片机的厚薄刻度器，一般组织的火棉胶切片为 8～15 μm。如神经胶质细胞 Golgis 法和髓鞘 Weigert's 法火棉胶组织块厚度为 15～25 μm 较好。⑥将各部螺旋旋紧和厚薄调整好后，便可滑动切片机，开始切片。切片时，以左手持笔，右手握夹刀器滑动装置向自动方向拉动。当刀刃与组织块接触时，拉刀的速度不可太快，每切一片，用毛笔涂 70％乙醇从切片刀的上方将切片轻轻取下。每切数片应在火棉胶组织块上涂乙醇，或连续切数片后，再用毛笔取下。切片取下后，置入 70％乙醇内保存，以便贴片染色。

（5）火棉胶切片常出现的问题：①每切一片应平展于切片刀上，若切片卷起，可用毛笔将卷起的切片轻轻压平后取下。②切片皱褶过多，是由于火棉胶硬度不够，或火棉胶浸胶不够，可重新浸胶包埋，调整厚度。③切片上出现裂纹或条纹，主要是因为切片刀上有缺口，或火棉胶中有杂质，应重新磨刀和包埋。④切片厚薄不一致，主要由于切片机夹持器或夹刀器上的螺旋不紧，或切片机微动装置有故障，抑或火棉胶组织块硬度不够。刀钝也是原因之一，切片时压力不均匀也可能产生厚薄不匀。⑤切片脱落，即组织与火棉胶分离，是因浸胶不够或组织本身过度硬化。⑥切片出现小空间，是因包埋时含有气泡。故在包埋时应避免气泡，如有气泡可滴加乙醚和纯乙醇混合液溶掉。

3. 火棉胶快速包埋法　上述火棉胶切片法属于常规方法，它的主要缺点是时间过长，但有的制片方法，如神经胶质Golgis 镀银法、胆微管镀银法和某些血管注射切片等，均不宜浸胶过久，否则会导致失败，因此应采用火棉胶快速包埋法。火棉胶快速包埋法主要是提高浸胶温度，增加渗胶速度，以缩短浸胶时间。具体操作方法如下：

（1）组织按常规方法脱水，经由 70％→80％→95％→100％ 乙醇彻底脱水。

（2）经 100％乙醇和乙醚各半的混合溶液 8～12 h。

（3）组织浸入 5％火棉胶 12～24 h。

（4）组织浸入 10％火棉胶 12～24 h。

（5）组织浸入 15％火棉胶 12～24 h。

（6）用有盖玻璃皿盛 15％火棉胶，从上面 15％火棉胶中取出组织置入玻璃皿中。

（7）将盛有 15％火棉胶的玻璃皿放在恒温水浴锅中加温，60 ℃左右加温 30 min。

（8）然后从玻璃皿中取出组织，放置在特制的火棉胶包埋座上，倒入20％火棉胶，并滴加三氧甲烷。待表面硬化，再移入玻璃缸或干燥器内，加入适量三氧甲烷，以使火棉胶组织块继续硬化定形，便于切片。

（三）冰冻切片

切片技术早期是从冰冻切片开始，后来逐步有了发展和更新，冰冻切片弥补了石蜡切片和火棉胶切片等不足。石蜡切片和火棉胶切片制片过程需时太久，且在制片中要使用许多化学试剂，石蜡切片包埋还需经加温过程，因而某些重要的不稳定的组织成分如脂类、酶以及抗体等，可能被溶解或被破坏。冰冻切片过程较简单，无须经过脱水和透明步骤，组织中的水分起着包埋剂的作用，组织经固定或不固定即可冰冻切片。

冰冻切片一般亦可达几微米，组织没有收缩，易保持生活时原有形态，是保存脂肪组织、许多神经组织，特别是酶的活性十分理想的切片方法。对于外科临床诊断和现代免疫荧光诊断，冰冻切片也是很重要的。其缺点是组织过大则不易冰冻，连续切片较困难，5 μm以下薄切片不易成功。

（四）振动切片

振动切片通常可以把新鲜组织（不固定、不冰冻）切成20 μm～1 mm薄片，以漂浮法在反应板进行免疫组织化学染色，然后在立体显微镜下检出免疫反应阳性部位，修整组织后固定，最后按电镜样品制备、脱水、包埋、超薄切片、染色观察等。组织不冰冻，无冰晶形成及组织抗原破坏，在免疫组织化学染色前避免了组织脱水、透明、包埋等步骤对抗原的损害，能较好地保留组织内脂溶性物质和细胞膜抗原，主要用于显示神经系统抗原分布研究。这种包埋前染色，尤其适用于免疫电镜观察。

振动切片方法是利用刀片振动原理，用来将新鲜的活体组织或固定过的组织切成 20 μm 的薄片到 1 mm 以上厚片。一般厚度精度控制大约为 1 μm，如果做荧光染色建议切成薄片。

对于成年小鼠或胚胎脑部、脊髓、肝脏、眼睛及其他器官组织，我们的方法是用低熔点琼脂糖包埋，然后将封装在琼脂糖里的组织进行切片，取下的组织厚片可以浸泡在如六孔板内进行组织化学或免疫组织化学染色。然后，用激光扫描共聚焦显微镜等进行观察。而对于新鲜活体组织则不需要包埋，直接固定在切片槽中切片。

与石蜡切片、冰冻切片方法比较：振动切片方法简单、快速，能使组织比较完整保留，适合做或组织电生理学等研究。与冰冻切片相比，不需要对组织冷冻，不会形成冰晶或造成组织抗原的破坏。与石蜡切片相比，不需要脱水、透明、浸蜡等过程，避免对抗原的损害。

（五）超薄切片

超薄切片是供电子显微镜观察用的切片。由于电子穿透组织的能力低，所以供电子显微镜观察用的切片要求极薄（一般厚度为 40～50 nm），即为超薄切片。

取材基本要求：

组织从生物活体取下以后，如果不立即进行适当处理，会由于细胞内部各种酶的作用，出现细胞自溶现象。此外，还可能由于污染，微生物在组织内繁殖使细胞的微细结构遭受破坏。因此，为了使细胞结构尽可能保持生前状态，必须做到快、小、准、冷。

（1）动作迅速，组织从活体取下后应在最短时间内（争取在 1 min 内）投入 2.5％戊二醛固定液。

（2）所取组织的体积要小，一般不超过 1 mm×1 mm×1 mm。也可将组织修成 1 mm×1 mm×2 mm 大小长条形。因为固定剂的渗透能力较弱，组织块如果太大，块的内部将不能得到良好的固定。

（3）机械损伤要小，解剖器械应锋利，操作宜轻，避免牵拉、挫伤与挤压。

（4）操作最好在低温（0 ℃～4 ℃）下进行，以降低酶的活性，防止细胞自溶。

（5）取材部位要准确。

二、贴片

（一）石蜡切片的蜡片附贴

石蜡切片很薄，蜡片中的组织必须要有支持物，方能进行染色。切片机切下的蜡片，分别贴附在载玻片上，但贴片要求贴附牢固，染色时不致脱落。组织片上的皱褶一定要展平，否则影响观察。

1. 贴片剂和用具

（1）贴片黏附剂：甘油蛋清（蛋清 20 mL，甘油 20 mL），麝香草酚或硫酸钠酌量（防腐剂）。

　　配法：取新鲜鸡蛋两个，在蛋的两端各打开一个小口，使蛋白从一端流出，不要蛋黄，盛入一烧杯中，然后用玻璃棒充分搅拌，搅成雪花状泡沫后用粗滤纸或棉花过滤，在过滤的同时加入防腐剂，经数小时，即可滤出透明的蛋白液。最后加等量甘油，两者混合充分摇匀后，便可应用。不用时可放入冰箱中保存，一般可用半年至一年。

　　（2）贴片用具：洁净的载玻片，小解剖刀 1 把，探片针 2 个，酒精灯或切片伸展器，甘油蛋清和蒸馏水各一瓶。

　　2. 贴片方法

　　（1）直接贴片法：取洁净的载玻片，在载玻片中央加甘油蛋清两小滴，有如芝麻大小。甘油蛋清不宜多加。加上甘油蛋清后，涂布均匀，不必涂布满片。再加蒸馏水数滴，然后用小解剖刀切取组织蜡片，置于载玻片上，使蜡片浮于蒸馏水上。用右手持载玻片，在酒精灯上徐徐加热，待蜡片略为软化，便用探针轻巧地将组织蜡片上的皱褶摊开。注意探针不可伤及组织，完全将组织中的皱褶铺平以后，倒掉载玻片上的水，并置入温箱中烘干。约 2 h 后即可进行染色。

　　（2）切片伸展器贴片法：切片伸展器主要利用其恒温电热器上的金属板加热，金属板下装有电阻丝，并有恒温装置，可保持一定的温度。贴片时将金属板的温度调整为 45 ℃～50 ℃。取载玻片涂上甘油蛋清，再滴加蒸馏水于载玻片上，然后将组织蜡片置于载玻片的水平面上，并移动放在切片伸展器上。当达到一定温度时，切片上的皱褶逐渐自行展平。若切片上的皱褶太多，可用探针轻轻拨开，待皱褶全部展开后，取出载玻片，倾去蒸馏水，再将载玻片上的组织蜡片投到适当位置，放入温箱，便可进行染色。

（3）温水漂浮贴片法：此法可用恒温水浴箱进行或在恒温电热器上，安装一个水浴盆，使水浴盆内的水温保持在45 ℃～50 ℃。贴片前首先取载玻片涂上甘油蛋清，然后切取组织蜡片一条，使其漂浮于水浴锅内，蜡片中的皱褶在温水中便很快展开。待皱褶完全展平后，取载玻片斜插入水浴锅中，用探针将蜡片拨到载玻片上，当载玻片拿出水面时，组织蜡片即附贴于载玻片上，然后置入恒温箱中烤干。

（二）火棉胶切片附贴

1. 火棉胶切片可不贴片，直接用小镊子或弯玻璃匙传递，可作游离切片染色，亦可贴片后染色。

2. 甘油蛋白贴片法　首先在载玻片上涂甘油蛋白，切片从乙醇中取出置于载玻片上。用吸水纸充分吸干，立即在切片上加数滴丁香油，数分钟后吸去丁香油，置入 70%乙醇中，再按常规步骤染色。

3. 稀火棉胶贴片法　首先可在载玻片上涂极少的甘油蛋白，切片自70%乙醇中取出移放在载玻片上，用吸水纸吸干。然后在切片上涂上 1%～2% 稀火棉胶薄层，立即浸入三氧甲烷中数秒，或在空气中放置 1～2 min，浸入 70 %乙醇中，以备染色。若需除去切片上的火棉胶，可用乙醚和无水乙醇混合液略浸片刻即可。

（三）冰冻切片的贴片

冰冻切片可以贴片染色，也可以游离染色。贴片染色，先将载玻片上涂甘油蛋白，然后将载玻片斜插入装有冰冻切片的玻璃缸中，用玻璃匙或小毛笔将冰冻切片轻轻地引至载玻片上，手执载玻片立即旋出水面，切片即附着于载玻片上，放入37 ℃，烤箱烘烤10～15 min 后即可进行染色。

三、切片与贴片注意事项

1. 切片刀一定要磨得非常锋利，并保持干净，否则切片时，蜡片易上卷，出现挂痕或者破裂。现用一次性刀片，不需磨刀，方便快捷。修切面时，选用不太锋利的刀刃处，切片时再选用刀刃锋利处，可延长刀片使用时间。

2. 蜡片太皱缩或者贴于切片刀上，可能是石蜡太软或者室温太高。可用冰块冷冻蜡块和切片刀后再切片。

3. 胚胎连续切片一般用软蜡包埋，石蜡切片机上不易切薄片。可采用恒冷箱切片机（0 ℃～5 ℃）切片，用毛笔托引蜡片，可切出3～4 μm 的连续切片。切片时应注意切片的方向：横断面，胚胎头朝前方，背侧朝右方；额状断面，胚胎头朝右，腹侧朝前；矢状断面，胚胎头朝右，左侧朝前。这样做成的连续切片，在显微镜下，就能看到连续、正向的图像。

4. 新的载玻片和盖玻片不能直接使用。必须经清洁液浸泡12～24 h，流水充分冲洗后，蒸馏水清洗 5 次，弃水，入95％乙醇 2 h 以上，用精白布擦干，或者用红外线烤箱烘干，置切片盒内备用。一般组织切片用的载玻片，用前涂上少量甘油蛋白。组织化学和免疫细胞化学方法用的载玻片要用铬矾明胶液或多聚赖氨酸液作黏附剂。

第五节　染料与染色

一、染色简史

中国古代采用的染料，是从植物、矿物以及动物中提制出来的，如靛青、胭脂等。18 世纪初，便有人把染色应用到生物组织构造的研究方面。自那时起，越来越多的人利用染料对生物细胞和组织结构染色。天然染料胭脂、苏木素、3，5 - 二羟基甲苯等先后被用作生物染色剂。1838 年，Ehrenberg 首先应用胭脂和靛青染微生物，接着就有许多学者如 Flemming 和 Boveri 等配制成多种染色液应用于组织染色；1865 年，Bohmer 用苏木素染色；1884 年，Weigert 应用苏木素染髓鞘；1891 年，Mallory 应用磷钨酸苏木素染结缔组织。

18 世纪后期人工合成染料已被广泛用于染色。1889 年，Van Gieson 用酸性复红和苦味酸混合液染神经组织，1892 年，Fruste 改用染结缔组织。1900 年，Mallory 用酸性复红、苯胺蓝和橘黄 G 混合液染结缔组织。1896 年，Daddi 用苏丹红染脂肪组织。1893 年 Golgi，1903 年 Cajal 及 Hortega 等对神经组织镀银法做了一系列的研究，发现了许多神经组织的特殊染色方法。

二、染料分类与化学结构

制片的染料种类繁多，分类亦较复杂，其性质和化学结构均各不相同。根据染料来源可分为两大类，即天然染料和人工合成染料。按染色化学性质可分为弱酸性、强酸性、弱碱性、强碱性及中性，依染色对象来分有细胞核染料和细胞质染料。

（一）天然染料

天然染料为天然产物，从动物和植物体中提取。目前用于制片技术方面的天然染料主要有苏木精、胭脂红、地衣红及靛青等。最常用的为苏木精及胭脂红。

1. 苏木精　苏木精是从苏木树的树心木中提炼出来的，原产于墨西哥，现多在西印度洋岛生长，浅褐色，易溶于乙醇。

苏木精在单独使用时，染色性能很差，必须制备合用的苏木素染液。一般将苏木素氧化成苏木红，在配制苏木精染色试剂时，加入氧化剂可加速苏木素生成，但不加氧化剂亦可让其暴露于日光下自然生成，但生成速度很慢，一般需时 3 个月左右。

经氧化后的苏木红为弱酸性，对组织的着色力很弱，若加入媒染剂如钾明矾或铁明矾等，则苏木红与媒染剂所合成的沉淀色素带有强阳电荷，而成为一种碱性染料，是常用的细胞核染料。

2. 胭脂红　胭脂红是从一种雌性介壳虫胭脂虫中提取的，其有色成分为胭脂虫酸。胭酸加热煮沸，先用乙酸铅处理，再用硫酸分解胭脂铅而得。早在 1849 年，胭脂红便用于动植物组织的染色。

胭脂红能溶于碱性或酸性溶液中。溶于碱性溶液中，如制成硼砂胭脂液，细胞核和细胞质同时染色。溶于酸性溶液如制成乙酸胭脂。胭脂带正电如对染色质着色最佳。细胞质微黑色。此外对黏液和糖原着色良好。胭脂红的碱性溶液尚可用氨、镁及锂等，酸性溶液还可用苦味酸。

3. 地衣红　地衣红是从一种地衣纲植物茶渍地衣中提取的，此植物本无颜色，经用氨处理及暴露于空气中，则形成3，5-二羟基甲苯，其性质为弱酸性，溶于碱性溶液，呈紫色，与弹性纤维有很强的亲和力，是目前弹性纤维最好的染料。

（二）人工合成染料

最早的人工合成染料是通过苯胺合成的，常称为苯胺染料。后来许多新染料都不是从苯胺中提取，而是从煤焦油中提取，现在一般称为煤焦油染料。这类染料都是由芳香环或具有芳香环性质的杂环化合物所构成，是芳香族有机化合物，即碳氢化合物或苯的衍生物，由煤焦油蒸馏的产物，经加工合成而得。根据合成染料的化学结构，可作如下分类。

1. 硝基类　其染色性能是由羟基造成的，是一种黄色染料。常用作固定剂和细胞质染料，如 Van Gieson 等苦味酸和酸性复红混合溶液染胶原纤维。

2. 亚硝基类　如萘酚绿-B 及萘酚绿-Y，其发色团是—NO，亚硝基蒙是亚硝酸作用于酚的化合物制成。

3. 醌型苯环类　其发色团在苯胺烷染料中都存在，如甲基绿、甲基紫、酸性复红、水溶性苯胺蓝、孔雀绿、亮绿等。

（1）甲基绿：又称烷绿，溶解度在 15 ℃，蒸馏水 100 mL

中 8 g，无水乙醇 100 mL 中 3 g。甲基绿为很有价值的细胞核染料，绿色粉末状，是氯化甲烷或碘化甲烷作用结晶紫而生成的化合物，其中部分容易变成甲基紫，或者在甲基化过程中有一部分结晶紫没有变成甲基绿。因此一般不易获得纯甲基绿。做 DNA 和 RNA 甲基绿派洛宁染色时，可将市售甲基绿用三氯甲烷提取法除去甲基紫。

（2）甲基紫：甲基紫溶解度在 15 ℃，蒸馏水 100 mL 中为 5 g，无水乙醇 100 mL 中为 5.75 g。甲基紫通常是由四、五及六甲基对蔷薇苯胺（即甲基副品红碱）3 种化合物组成的混合物，故颜色由紫色到蓝紫色，每增加一个甲基，颜色则加深，一般甲基紫 2 B 较适当，用于细胞核染色，对神经细胞尼氏小体染色极佳。

（3）酸性复红：酸性复红的溶解度在 15 ℃，蒸馏水 100 mL 中为 45 g，无水乙醇 100 mL 中为 3 g。酸性复红为细胞质染料，细胞核常被染色，易溶于水，溶于乙醇较慢，是碱性复红的磺化衍生物。它可用于 Mallory 及 Van Gieson 结缔组织染色，还用于 Bensly 线粒体染色等。常用浓度为 0.5% ～ 1%，染色的弱点是不易长久保存。

（4）碱性复红：碱性复红的溶解度在 15 ℃，蒸馏水 100 mL 中为 1 g，无水乙醇 100 mL 中为 8 g。碱性复红为盐酸蔷薇苯胺与盐酸副蔷薇苯胺混合物，呈暗红色粉末，是很好的细胞核染料，常用于染黏液和弹性纤维，在组织化学的 Schiff 试剂中主要成分是碱性复红，Schiff 试剂是目前显示 DNA 和糖原很好的方法。

4．吖啶类染料　吖啶类染料的发色团是醌型苯环，如伊红 Y、藻红、派洛宁、吖啶黄等。

（1）伊红 Y：伊红为常用的细胞质染料，也是肌原纤维、胶原纤维及嗜酸性颗粒等常用染料，它是一种钠盐和溴盐的酸性染料。伊红 Y 常用 0.5%～1% 的水溶液或乙醇溶液溶解，与苏木精作对比染色，简称 HE。

（2）藻红：藻红性质与伊红类似，是一种较好的细胞质染料，分为藻红 Y 和藻红 B 两种，一般多用藻红 Y。藻红 Y 能溶于水和无水乙醇，不溶于二甲苯。一般配置 0.5%～2% 的水溶液或乙醇溶液。

5．醌亚胺染料类

（1）亚甲蓝：曾称美蓝，是极重要的细胞核染料，易氧化，无纯品，常含有天青或美紫。在组织学、病理学和细菌学方面有广泛应用。亚甲蓝对活体无毒，故常用于活体染色；有异染性，是由于氧化后的天青 A、天青 B、天青 C 及美紫基作用，久置后或在碱性溶液中，很易变成多色性美蓝。美蓝与伊红可混合配制成 Wright's 液，可染血液和骨髓。用于染肥大细胞、神经细胞的尼氏小体、浆细胞、黏液，其对于寄生虫和细菌方面的活体染色也是很好的染料。

（2）甲苯胺蓝：为蓝色粉末，性质与硫堇相似，用于细胞核染色，特别对于神经细胞尼氏小体染色很好，还可染黏液、软骨基质及肥大细胞等。

（3）硫堇：为碱性染料，紫蓝色粉末，有明显的异染性，但此种异染性经乙醇脱水时，大部分被破坏。硫堇可染肥大细胞、浆细胞、骨组织及神经细胞中的尼氏小体。

（4）中性红：为弱碱性染料，无毒性，常用于体外活体染色，可染肥大细胞和尼氏小体。做活体染色时，将中性红配成 1/100000～1/10000 的生理盐水溶液或乙醇溶液。

（5）沙黄：为碱性染料，在动植物组织学上均作为细胞核的重要染料之一，尤其适用于染色体，可与亮绿作对比染色。

（6）硫酸尼罗蓝：为碱性染料，用于脂肪染色。染料呈红色，脂溶性，能将脂肪染成红色，脂肪酸染蓝色，用以区别中性脂肪与脂肪酸。

6. 偶氮染料

（1）偶氮卡红：为酸性染料，是 Mallory 染色中重要的染料之一，适用于胰岛细胞及垂体细胞染色。偶氮卡红染色一般应加乙酸促染。

偶氮卡红的溶解度在 15 ℃，在蒸馏水 100 mL 中为 2 g，无水乙醇 100 mL 中为 0.05 g。

（2）橘黄 G：为偶氮类的酸性染料，易溶于水，乙醇次之，是常用的细胞质染料。橘黄 G 可与偶氮卡红和苯胺蓝组成 Mallory 染色法染料，应用于胰岛细胞、垂体细胞和结缔组织 3 种纤维的染色。

橘黄 G 的溶解度在 15 ℃，在蒸馏水 100 mL 中为 8 g，无水乙醇 100 mL 中为 0.22 g。

（3）苏丹Ⅲ：为脂溶性染料，易溶于脂肪。常用染液为 1%～2%苏丹Ⅲ加 70%乙醇，与丙酮混合溶液，是一种弱酸性染料。

苏丹Ⅲ的溶解度在 1 ℃，无水乙醇 100 mL 中为 0.15 g。

（4）苏丹Ⅳ：又称猩红，用途与苏丹Ⅲ相同，也是脂溶性染料。与苏丹Ⅲ相比，苏丹Ⅳ着色能力更强，染色效果更好，其染色方法与苏丹Ⅲ相同。

苏丹Ⅳ的溶解度在 15 ℃，无水乙醇 100 mL 中为 0.5 g。

（5）刚果红：是偶氮类的一种酸性染料，在生化学中常用作指示剂。在组织学中用作神经纤维染色、弹性纤维染色以及胚胎切片染色。

刚果红的溶解度在 15 ℃，蒸馏水 100 mL 中为 5.5 g，无水乙醇 100 mL 中为 0.75 g。

（6）台盼蓝：是偶氮类的一种酸性染料，此染料主要用于活体染色。可用作血管和皮下或腹腔注射，观察巨噬细胞的吞噬活动。

台盼蓝的溶解度在 15 ℃，蒸馏水 100 mL 中为 1 g，无水乙醇 100 mL 中为 0.02 g。

（7）俾斯麦褐：是细胞核染料，可作为肥大细胞颗粒、软骨和黏蛋白染色。常用来作对比染色，易溶于乙醇，溶于水时不宜用高温煮沸。

三、常用染料的分类及染色方法

组织切片常用的染料有多种，分类方法也较多。可根据被染对象分为细胞核染料、细胞质染料、脂肪染料；也可根据染料性质分为金属染料、荧光染料、活体染料；或者根据染料的来源分为天然染料和人工合成染料。染料主要通过化学反应或者物理作用等使细胞、组织染上颜色。一般而言，细胞核被碱性染料染色，细胞质被酸性染料染色，脂肪染料能溶解于脂肪，使脂肪着色，金属染料则主要是通过物理吸附或者吸收作用染色。不同的染料有不同的配制方法和染色方法。

（一）常用染料的分类

1. 细胞核染料　常用的细胞核染料包括苏木精、卡红（又称洋红）、番红花红 O（又称沙黄 O）、甲基绿、焦油紫、硫堇、亚甲蓝（又称次甲蓝、美蓝）、结晶紫、甲苯胺蓝、碱性复红等。

2. 细胞质染料　常用的细胞质染料包括伊红（又称曙红）、亮绿（又称淡绿）、藻红、酸性复红、橘黄 G、快绿（又称坚牢绿）等。

3. 脂肪染料　常用脂肪染料包括苏丹Ⅲ、苏丹Ⅳ、苏丹黑 B、油红 O 等。

4. 金属染料　常用金属染料包括氯化金、硝酸银、锇酸等。

5. 活体染料　常用活体染料台盼蓝、中性红、詹纳斯绿 B。

（二）常用染色方法

组织学染色的方法有很多，可将组织块投入染液中整块染色，或者将切片插入染液染色，也可将染液滴于切片上染色。有的染色方法需加入媒染剂或者分色剂增强染色效果。①媒染剂：某些化学物质具有能与组织或者染料结合，增强染料的染色能力，故称为媒染剂。②分色剂：染色时，一般先浓染，然后用各种方法褪去过浓的染料，也可用媒染剂吸附过多的染料，以获得理想的染色效果，这些处理称为分色。

1. 苏木精-伊红染色（HE 染色）法

（1）苏木精-伊红（hematoxylin eosin，HE）的配制：苏木精的配制方法很多，最常用的为 Harris 苏木精和 Ehrlich 苏木精。

1）Harris 苏木精：

A 液：苏木精　　　　　　1 g

　　　100%乙醇　　　　　10 mL

B 液：钾（铵）明矾　　　　20 g

　　　蒸馏水　　　　　　200 mL

先搅拌 A 液，使苏木精溶解。将 B 液煮沸熔化，离火，加入 A 液，煮沸后又离火，加入氧化汞 0.5 g 搅拌溶解，迅速冷却后加入冰乙酸 8 mL，过滤。此液已加氧化剂以加速氧化，可随配随用。但久存后，染色效果会降低。

2）Ehrlich 苏木精：将苏木精 2 g 溶于 95%乙醇 100 mL，后加入蒸馏水 100 mL、纯甘油 100 mL、钾矾 3 g、冰乙酸 10 mL。混合后，用纱布封好瓶口，不时摇动，约 2 周即可成熟使用，并可长期保存。

3）伊红的配制：可配制成 0.1%～1%的水溶液，或者用 95%乙醇配成 0.1%～1%伊红乙醇溶液。因为伊红水溶液染色常在后来的乙醇脱水时脱色，故常用伊红乙醇溶液染色。

（2）HE 染色步骤：

1）脱蜡入水：贴好的切片要先入二甲苯 20～30 min，脱去组织中的蜡。然后依次经 100%、95%、80%、70%乙醇下行至水。

2）苏木精染色：切片过蒸馏水后入苏木精液染色 10～15 min，自来水冲洗，使组织发蓝。然后入 1%的盐酸乙醇分色数秒，以洗去多余的染料，切片变红。分色后又入自来水冲洗，切片逐渐变蓝，以显微镜下见细胞核呈蓝色，细胞质和结缔组织无色为宜。亦可在分色水洗后，入 1%氨水中加速变蓝过程。

3）伊红染色：水洗后的切片过蒸馏水，依次入 50%、70%、80%、95%乙醇脱水，再入 95%伊红乙醇溶液染色 1～3 min，后入 95%乙醇分色。

4）脱水、透明、封片：分色后的切片经 100%乙醇脱水，入二甲苯Ⅰ、二甲苯Ⅱ透明化处理。在二甲苯中，若组织片上出现白色云雾，表明脱水不够，应重入新的 100%乙醇脱水。封片：从二甲苯内取出切片，用精白布擦去组织块片周围的二甲苯，速滴一滴中性树胶于组织上，取清洁的盖玻片，在乙醇灯上烘一下去湿，以未烘的一面轻轻盖在树胶上，应尽量避免产生气泡。

（3）石蜡切片、HE 染色的参考时间：切片入二甲苯脱蜡 20～30 min→100%、95%乙醇各 1～2 min→80%、70%乙醇、蒸馏水各 1～3 min→苏木精染色 10～15 min→自来水洗 3～5 min→1%盐酸乙醇分色 3～5 s→自来水洗 30～45 min→50%、70%、80%、95%乙醇各 1～2 min→伊红乙醇染液 1～3 min→95%乙醇 1～2 min→100%乙醇Ⅰ、Ⅱ各 1～2 min→二

甲苯Ⅰ、Ⅱ各 15～30 min→封片。

2. Wright's 染色　Wright's 染色常用于血涂片的染色，其中的染料是由亚甲蓝和伊红的化合物溶于甲醇而制成。伊红是带负电荷的酸性染料，亚甲蓝是带正电荷的碱性染料，两种染料结合在一起溶解在甲醇中后，亚甲蓝和伊红又重新分离开来。血细胞中含有不同等电点的蛋白质，在相同的酸度下带有不同的电荷，因而能选择性地吸附相应的染料而受染。

Wright's 染料对氢离子浓度极为敏感，因此用缓冲溶液稀释染料，可使染色作用稳定，便于识别和比较血细胞的变化。

（1）Wright's 染料原液配制：先将 0.1 g Wright's 粉剂加入乳钵中，充分研磨，越细越好，再将 60 mL 甲醇溶液逐步加入乳钵内，待染料完全溶解，密封 1 个月后，再使用。

（2）pH 6.4 磷酸盐缓冲溶液配制：磷酸二氢钾 6.63 g，磷酸氢二钠 2.56 g，蒸馏水 1000 mL。

（3）Wright's 染色步骤：①取涂抹好的血涂片，划定染色区，即用特种铅笔或蜡块，在载玻片的两端各画一条粗线，以防染料溢出。②将载玻片平置于染色缸上，滴加 6～8 滴 Wright's 染料在血涂片上，以染料布满血涂片划定的染色区，至水平面上略凸为宜。③1～2 min 后，再加入磷酸盐缓冲溶液。此时血涂片开始染色，5～10 min 后倾去染液，用水洗净，待血涂片干后封片即可镜检。

3. Giemsa's 染色　Giemsa's 染色可与 Wright's 染色配合使用，用于血涂片和骨髓涂片。

（1）Giemsa's 原液配制：先将 0.8 g Giemsa's 粉剂溶解于

50 mL 甲醇溶液中。50 mL 甘油加热至 58 ℃。2 h 后，待 Giemsa's 粉剂完全溶解，再缓慢加入加热后的甘油，充分摇匀，置入 37 ℃温箱中 8～12 h。取出后，用有色玻璃瓶密封保存，一般在 12～24 h 后便可使用。

（2）磷酸盐缓冲液配制：A 液：磷酸氢二钠 4.733 g，溶于 500 mL 蒸馏水中；B 液：磷酸二氢钾 4.535 g，溶于 500 mL 蒸馏水中。

（3）Giemsa's 稀释液配制：Giemsa's 原液 1 mL，磷酸盐缓冲液 10 mL（A 液 4 mL，B 液 6 mL）混合，现配现用。

（4）Giemsa's 染色步骤：①取血液或骨髓涂片，用甲醇或乙醚加乙醇混合液，固定 3～5 min。②涂片干后，用 Giemsa's 稀释液染色 15～30 min。③用蒸馏水速洗，再用缓冲液分色，镜检抹片，至染色恰好为度。④抹干后，用香柏油封片或不封片。

4. 镀银染色法　镀银染色指把固定后的组织或切片浸于银溶液中，再用还原剂处理，使银颗粒沉降于组织之间，使之呈现深棕色或黑色，是神经元、神经纤维、网状纤维、淋巴组织的主要染色法。本文以网状纤维的镀银染色为例进行介绍。

取动物的新鲜淋巴结或肝等，在 10％甲醛中固定，再进行石蜡切片。

（1）染色试剂：氨性银溶液（10％硝酸银溶液，40％氢氧化钠溶液，26％～28％氢氧化铵溶液，蒸馏水）。

配制具体方法：取 10％硝酸银溶液 20 mL，加入 40％氢氧化钠溶液 20 滴，立即产生褐色沉淀，不断摇动，使其作用均匀，待片刻让沉淀完全沉入瓶底，然后倒去上面的上清液，留下沉淀。用蒸馏水反复洗 3 次，倒去蒸馏水。逐滴加入氢氧化铵，边摇动边滴入，可见沉淀逐渐溶解。为避免氢氧化铵过量，最后可保留极少几颗沉淀，再加入蒸馏水至 80 mL。过滤后即可应用，溶液保存于阴凉处。

（2）染色步骤：①石蜡切片按常规脱蜡至蒸馏水。②入 1％高锰酸钾溶液中 2 min。③用普通水水洗。④入 5％草酸溶液 2 min，至切片呈现白色为度。⑤普通水水洗后再加入蒸馏水洗 2 min。⑥置入 2％铁铵矾溶液中 3 min。⑦普通水洗 1 min。⑧蒸馏水洗 1 min。⑨切片浸入提前配置的氨性银溶液中，置于 56 ℃温箱 30 min～1 h。⑩蒸馏水洗 1～2 次。⑪切片置入 5％甲醛溶液中还原 5～10 min，此时切片外表呈现灰褐色。⑫普通水洗 1 min。⑬以 0.1％氯化金溶液加色 30 s～1 min。⑭普通水洗 1 min。⑮切片置入 5％硫代硫酸钠溶液中 2～3 min，以清除切片上的多余的银盐。⑯普通水洗 1 min。⑰以 95％乙醇和无水乙醇各脱水 2～3 min。⑱切片置入二甲苯溶液中，之后采用中性树胶封片。

5. 过碘酸希夫反应（periodic acid Schiff reaction，PAS）在糖类的组织化学研究中，多糖较为重要，因为单糖和双糖易于在固定和脱水过程中丧失。多糖在组织中种类虽不多，但具有重要的生理意义。如糖原广泛地分布在体内各种细胞中，对维持细胞恒定及其他生理功能有重要作用。

（1）PAS 反应原理：PAS 显示组织和细胞内的糖原，如黏多糖、黏蛋白等，主要是利用反应中高碘酸的氧化作用。高碘酸是一种氧化剂，糖原属多糖类，由许多单糖分子缩合而成，高碘酸能使单糖中含有乙醇链中的 C—C 键打开，氧化为二醛基，这种新生的醛基能与 Schiff 剂结合，成为一种紫红色物质，即 PAS 阳性反应。

（2）PAS 的组织处理：

1）组织取材：新鲜肝脏及小肠等。

2）组织固定方法：Carnoy 液固定 6～8 h；苦味酸纯乙醇饱和甲醛液固定 8～12 h；血液骨髓涂片用甲醛蒸气固定 5 min 后复用甲醛-钙液固定 5～10 min，此 3 种固定液对糖原固定效果都好。

（3）过碘酸希夫显示法（PAS）试剂配置

1）0.5％高碘酸溶液：高碘酸 0.5 g，蒸馏水 100 mL。

2）Schiff 剂：碱性复红 0.2 g，研磨后加蒸馏水 100 mL，加热溶解过滤冷却至 58 ℃加 1 mol/L HCl 10 mL，再冷却至 25 ℃，加入重亚硫酸钠 0.5 g，充分摇匀置低温暗处，直至溶液呈透明无色后方能使用。

3）亚硫酸溶液：亚硫酸钠 2.5 g，蒸馏水 25 mL，1 mol/L HCl 25 mL，蒸馏水 450 mL。

4）复染液 Ehrlich 苏木精或 1％甲基绿。

（4）过碘酸希夫氏剂显示法染色步骤：①切片脱蜡下行入蒸馏水。②入 0.5％～1％高碘酸溶液氧化 5 min。③蒸馏水速洗 1 次。④Schiff 剂染色 30～60 min，此步在 37 ℃温箱中进行，瓶盖必须密封。⑤经 Schiff 剂后，以亚硫酸水洗 2～3 次，每次 30 s～1 min。⑥蒸馏水速洗 2 次。⑦可用苏木精或甲基绿复染胞核。⑧苏木精染色后，以 0.5％盐酸乙醇分色，充分水洗。⑨经 95％及无水乙醇脱水各 1 min，二甲苯透明。⑩用中性树胶封片。

（5）染色结果：糖原颗粒呈紫红色，糖蛋白呈粉红色，黏蛋白和黏多糖呈红色。

6. 苏丹红中性脂肪染色法　脂类包括脂肪和类脂，脂肪细胞大量地聚集便成为脂肪组织，脂肪组织具有贮存脂肪、支持保护、维持体温等作用，故脂肪在机体内有十分重要的作用，根据脂肪的性质可分为中性脂肪、脂肪酸、胆固醇、磷脂及其他类脂质。但各种脂类与类脂质在体内大都是混合存在。组织化学中提到脂类主要指中性脂类与酸性脂类，其中中性脂类包括甘油三酯、胆固醇、类固醇及某些糖脂。酸性脂类包括脂肪酸与磷脂等。

脂肪不溶于水，易为乙醇、二甲苯、氯仿、乙醚及苯等溶解，故脂类的制片，只能用冰冻切片或明胶切片，而不能用石蜡切片或火棉胶切片，但用锇酸固定的组织，可用石蜡切片。

脂类最好的固定剂为甲醛，加碳酸锂或碳酸钙等可保持甲醛呈中性，除去钾酸杂质，甲醛中存在钙离子，利于保存磷脂的结构。用甲醛钙固定脂类应用广，但固定时间不宜久，一般为 6～8 h。固定过久，脂肪酸增加，可使脂类水解。

常用于脂类染色的染料主要有苏丹Ⅲ、苏丹Ⅳ、苏丹黑、油红 O、硫酸尼罗蓝及碳酸等，均为脂溶剂染料。本部分以苏丹Ⅳ中性脂肪染色法为例介绍。

（1）苏丹Ⅳ中性脂肪染色法的组织固定与切片：①脂肪组织固定于10%甲醛液中12～24 h。②固定后的脂肪组织，采用冰冻切片。用低温冰冻切片，半导体致冷器或氯乙烷水冻切片均可切片，厚10～15 μm。

（2）苏丹Ⅳ中性脂肪染色法的染色试剂配制：苏丹Ⅳ 0.5 g，70%乙醇25 mL，丙酮25 mL。

配法：先将乙醇与丙酮混合，再加入苏丹Ⅳ充分摇匀，过滤后密封保存，以备染色。

（3）染色步骤：①冰冻切片附贴于载玻璃片上，经70%乙醇，略浸30 s～1 min。②立即放入苏丹Ⅳ染液中染色3～5 min。③切片经蒸馏水略洗片刻。④入 Ehrlich 苏木精染色3～5 min。⑤0.5% HCl 加70%乙醇中分色5～10 s。⑥普通水洗至细胞核呈深蓝色。⑦蒸馏水洗1 min。⑧待切片稍干或用吸水纸吸干，用 PVP 或甘油明胶封片。

（4）染色结果：脂肪橘红色，细胞核蓝色。

（孙国瑛　罗宇涛　王建华）

参考文献

[1] 杜卓民. 实用组织学技术 [M]. 北京：人民卫生出版社，1998.

[2] 杨捷频. 常规石蜡切片方法的改良 [J]. 生物学杂志，2006，23（1）：45-46.

[3] 张彩丽，张俊霞，刘湘花，等. 实验动物多脏器组织石蜡切片统一制做流程及影响条件 [J]. 临床与实验病理学杂志，2019，35（1）：108-109.

［4］李和，周德山. 组织化学与免疫组织化学［M］. 北京：人民卫生出版社，2021.

［5］曾腊初，任铁良. 组织学与组织化学技术［M］.［出版地不详］：［出版者不详］，1995.

第二章　免疫细胞化学的免疫学基础

　　免疫细胞化学的基本原理是抗原抗体反应、标记化学反应和呈色化学反应。由于免疫细胞化学是在细胞上进行抗原抗体反应，所以，必须熟练掌握显微标本制备的全过程，要求待检标本形态结构和抗原反应性保存良好，抗原不从原位扩散或丢失。所以，从事免疫细胞化学的工作者必须了解以下有关免疫学理论及掌握有关细胞和组织学技术。

第一节　抗　　　原

　　凡能诱导机体产生抗体，并能与其在体内或者体外发生特异结合的物质称为抗原（antigen，Ag）。物质的诱导能力称为免疫原性（immunogenicity），结合的特性称为抗原反应性（immunoreactivity）。

一、抗原的基本生物学特性

（一）异源性

　　机体能对进入体内的异种、异体的大分子物质起反应并产生抗体，该物质与机体的种系关系愈远，其免疫原性就愈强，机体的免疫反应也更强。例如鸭血清白蛋白对鸡的免疫原性较弱，而对家兔则能引起较强的免疫反应。

同种异体物质也可具有免疫原性，同种不同个体之间，同一类型的细胞和组织，其免疫原性也有差异，例如人的红细胞 ABO 血型抗原及 Rh 型抗原。人类白细胞和其他组织的细胞膜上也具有组织相容性复合物的抗原性物质，由人类主要组织相容性复合体（major histocompatibility complex，MHC）编码。

机体对本身所具有的物质一般不产生免疫反应，此为耐受。但在某些条件下，使机体某种物质、细胞或组织成分发生变化或者改变部位时，也可导致机体产生免疫反应。此具有免疫原性的自身物质称自身抗原（autoantigen），所产生的抗体称为自身抗体（autoantibody）。如自身组织变性，机体组织或细胞在各种理化因素作用下，引起化学成分的分子排列和构型改变，形成新的抗原决定簇，例如安替比林、氨基比林（匹拉米洞）等药所致白细胞减少，就是由于所服用药物改变了白细胞的一部分表面化学结构，形成新的抗原决定簇，激活免疫细胞产生抗白细胞抗体（自身抗体），导致白细胞减少症。在外伤、感染和炎症时，可能使隐蔽性抗原如精子、甲状腺球蛋白等释放，引起机体产生免疫反应。

并非异物都是抗原，例如沙尘和一些非生物性高分子聚合物，仅能激发细胞吞噬反应而不能使机体产生抗体或致敏淋巴细胞。

（二）大分子胶体性

凡具有免疫原性的物质，分子愈大，免疫原性愈强（如细菌、蛋白质）。一般认为抗原分子量愈大，其表面积相应较大，接触免疫细胞机会增多，在体内停留时间较长，不易排除，因而对机体刺激作用也强。一般具有免疫原性的物质，其分子量常在 10000 以上。对于蛋白质组成的抗原，其分子量小于 5000～10000，免疫原性很低或完全没有。但某些低分子量多肽，如胰岛素（分子量 5734）、胰高血糖素（分子量 3800）、血管紧张素（分子量 1031）等，对某些实验动物仍具有一定的免疫原性，分子量小的物质团聚成的多聚体或吸附于其他胶体（载体）表面，形成大分子表面结构时，如与蛋白质结合，即具有大分子胶体特性，可使小分子物质获得或增强免疫原性，如细菌的多糖成分、青霉素等化学药物。

（三）特异性

各种抗原物质的化学组成虽然很复杂，但能刺激机体产生抗体并与抗体相结合的化学组成，仅仅是抗原物质的一些特殊化学基团-化学结构及空间构型，称为表位（epitope），或者抗原决定簇（基）（antigenic determinant，AD）。所有的抗原物质都有其特异的表位，但不同的抗原物质常含有共同的抗原成分，称为类属抗原。在分类上相近的种类之间的同一类蛋白质抗原，可表现出类属抗原关系。多种物质结构的相似性，决定这些物质在抗原上的类属关系；而分子结构的差异性，决定各物质抗原的特异性。

抗原的特异性是临床诊断、预防、治疗的基础。各种特异诊断抗体的制备有赖于特异性抗原物质的获得；在不易获得特异性抗原的条件下，可利用类属抗原替代。但在鉴别抗原时，应注意区分类属抗原，以免误诊。

　　一般认为，环状构型的分子免疫原性要比直线排列的强，聚合状态的比单体强。具有大分子量的异物，无论具有何种构型，基本上具有免疫原性。但明胶和核酸免疫原性很弱或无。

　　抗原的表位是否暴露，表位之间的距离是否适当，对于免疫原性强弱亦有很大影响。凡暴露的表位数目多，间距大，免疫原性也就较强。能与抗体分子结合的表位总数，称为抗原结合价。简单的半抗原一般只能与一个抗体分子结合，是单价抗原。根据抗原分子大小推算，有 100 个氨基酸的多肽，有 14～20 个不重叠的表位，即有 14～20 个抗原结合价。

二、抗原的类型

　　医学上常见的抗原物质，种类很多，如病原微生物及其代谢产物（毒素），异种动物血清（各种抗毒素，免疫血清的来源），同种血型抗原，同种异体皮肤、器官等组织抗原，自身组织抗原，肿瘤细胞抗原。具有免疫原性的各种化学成分有脂蛋白、多糖体、脂多糖、糖蛋白、多肽以及核蛋白等，这些抗原物质均可刺激机体产生体液或细胞免疫反应。根据引起机体产生抗体的特点，抗原可分为完全抗原和不完全抗原两类。

　　（一）完全抗原

　　完全抗原是指能在机体内引起抗体形成（免疫原性），并可与其抗体特异性结合（抗原反应性）的物质。如细菌、蛋白质等。

（二）半抗原

半抗原（hapten）又称不完全抗原，在体内单独存在时不引起抗体产生的物质，当其与蛋白质胶体颗粒结合后，则可引起抗体形成，半抗原可与其特异性结合。如细菌的多糖和类脂质等。在半抗原与蛋白质结合物中，一般是蛋白质使结合物具有免疫原性，而半抗原则决定结合物的抗原特异性。例如，以半抗原 a 与蛋白质 A 结合免疫动物，产生抗 a 的抗体，该抗体不仅可以与结合在蛋白质 A 上的 a 抗原结合，也可以与结合在蛋白质 B 上的 a 抗原结合。

三、表位的预测

表位是蛋白质中部分能够让免疫系统产生抗体的区域。抗原表位通常是由 5～8 个氨基酸或碳水基团组成，它既可以是由连续序列（蛋白质一级结构）组成，也可以是由蛋白质不连续区段组成的三维结构构成，即立体构象。预测天然蛋白的表位，体外合成含有此表位的多肽，将其与相应的载体偶联后免疫动物，能够获取相应的抗体。如何选择有效的表位是能否在无完整蛋白质抗原条件下制备抗体的关键。选择的原则主要有以下几个方面：首先要考虑亲水性，因为大部分表位是亲水性的；其次要看其是否处于结构表面，大部分抗体只与蛋白质表面部分结合；最后要求有弹性，许多已知的抗原决定簇是在自由活动区域。所以一般来说蛋白质的 N 端及 C 端是很好的表位区域。

蛋白质抗原表位预测的方法主要分为两种：一种是以蛋白质高级结构为基础进行预测，例如 α 螺旋、β 转角、膜蛋白跨膜区预测等；另一种是基于氨基酸的统计学倾向性，比如弹性、亲水性、抗原倾向性、表面可接触性。

表位计算机预测的重要参数之一是蛋白的二级结构。β 转角为凸出结构，常见于蛋白质抗原表面，有利于与抗体结合，较可能成为抗原表位。而 α 螺旋、β 折叠的结构规则，不易变形，难以结合抗体，基本上不作为候选抗原表位。跨膜区藏于细胞膜中，无法被抗体接触到，不能成为抗原表位。通常来说，蛋白质的 C 端具有较好的亲水性、表面可及性和柔性，因此是适宜的候选表位区域。

关于表位的选择，对于已有空间结构信息的蛋白质抗原，直接选择蛋白分子表面的基环结构区或无规卷曲区域的小肽序列作为候选表位；对于缺乏空间结构信息的蛋白质抗原，则根据蛋白质抗原的特点具体分析。假如蛋白质抗原 C 末端的序列亲水性好，可以选择 C 末端的 6～10 个氨基酸的序列作为候选表位，并且最好该序列为该蛋白质所特有；除此之外可采用表位（或称 B 细胞表位）预测程序进行分析，选择不同程序预测的共有表位；对于同源性很高的家族蛋白，根据序列比对结果选择差异较大的区域，并且所选序列应该符合表位的特征。

其他需要考虑的方面，一般会选择亲水区的多肽，但是这些区域也会含有疏水性的氨基酸（如亮氨酸、色氨酸、异亮氨酸、缬氨酸和苯丙氨酸），尽量少选择含有此类氨基酸的多肽。谷氨酰胺由于容易和肽链形成氢键而导致多肽不可溶，因此具有多个谷氨酸的多肽也要尽量避免。半胱氨酸有利于将多肽偶联到载体蛋白上，所以应该保留多肽 N 端或 C 端的半胱氨酸，有利于载体蛋白偶联，从而具有较好的免疫原性。但两个或更多半胱氨酸的情况需要避免，因为这样会造成多肽链之间形成二硫键，进而导致不溶和结构变化。当选择的多肽缺少半胱氨酸时，可以在 N 端或 C 端加上半胱氨酸。大多数情况下，脯氨酸更有助于形成自然结构，增强多肽的免疫原性。

现在已经开发有 ABCpred、BepiPred 等生物信息学软件用于表位的预测（表2-1）。选择不同预测方法并将得到的预测结果进行比较，其共有的预测表位是真正 B 细胞表位的概率更大，如果可以进一步结合蛋白质二级结构预测结果，就能够选出可信度更高的表位。

表 2-1　常用数据库和预测工具

名　称	网　址
ABCpred	http：//www. imtech. res. in/raghava/abcpred
BepiPred	http：//www. cbs. dtu. dk/services/BepiPred
CEP	http：//bioinfo. ernet. in/cep. htm
DiscoTope	http：//www. cbs. dtu. dk/services/DiscoTope
Epitome	http：//www. rostlab. org/services/epitome
IEDB	http：//www. immuneepitope. org
汉化版抗原决定簇预测	http：//www. detaibio. com/tools/epitope-prediction. html

第二节　抗　体

一、抗体的定义

抗体（antibody）是机体受抗原刺激后，在体液中出现的一种能与相应抗原发生反应的球蛋白，称免疫球蛋白（immu-noglobulin，Ig）。含有免疫球蛋白的血清称免疫血清。

IgG 分子由 4 条对称的对偶肽链，经二硫键以共价和非共价键连接组成。其中两条长链（由 420～450 个氨基酸组成）称为重链（heavy chain，H 链），两条短链（由 212～214 个氨基酸组成）称轻链（light chain，L 链）。重链占 IgG 分子的 2/3，轻链占 1/3。该四条链结构是各类免疫球蛋白的基本结构，可用通式 L_2H_2 表示，L_2H_2 称为一个单体（图 2 - 1）。IgG、IgD 和 IgE 都是单体，而分泌性 IgA 含两个单体，IgM 含 5 个单体。L 链根据免疫原性的不同分为 κ 型和 λ 型，又可分为若干个亚型。多肽链的羧基端称为 C 端，氨基端称为 N 端，多肽链的 N 端包括 L 链的 1/2 和 H 链的 1/4，氨基酸顺序随免疫的抗原不同而异，称为可变区（variable region，V

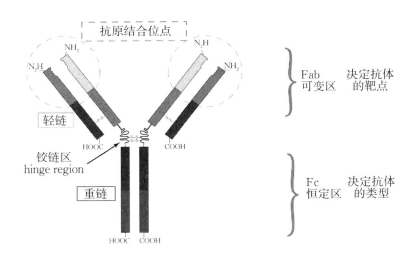

图 2 - 1　抗体的基本结构

区）。多肽链的羧基端包括 L 链的 1/2 与 H 链的 3/4，氨基酸顺序排列比较稳定，称为恒定区（constant region，C 区）。免疫球蛋白结合抗原的不同特异性，取决于 L 链和 H 链的 V 区氨基酸的种类和顺序的不同，而免疫球蛋白结合补体或巨噬细胞等生物活性，则与 H 链的 C 区有关。免疫球蛋白的主要物质活性：是与抗原的特异性结合，活化补体，与细胞如巨噬细胞、单核细胞、中性粒细胞、肥大细胞及嗜碱性细胞结合和抗体的选择性传递等。

二、抗体的特性

免疫球蛋白都是大分子的物质，免疫原性较复杂。轻链和重链，可变区和恒定区，由于分子结构的差异，各具有不同的特异性表位。一般根据重链的免疫原性分类，根据轻链的免疫原性分型。

（一）重链的免疫原性

人体内的五大类免疫球蛋白之间的区别就在于重链的氨基酸组成和抗原性不同。用小写希腊字母 γ、α、μ、δ 和 ε，分别表示 IgG、IgA、IgM、IgD 与 IgE 的两条重链。

根据重链恒定区（C_H）免疫原性的进一步分析，发现 IgG、IgA 与 IgM 三类 Ig，还可再区别为不同的亚类。如 IgG 有 4 个亚类（IgG_1、IgG_2、IgG_3 和 IgG_4），IgA、IgM 也有 2 个亚类（IgA_1、IgA_2，IgM_1、IgM_2）。

重链可变区（V_H）也有免疫原性，这是因为从 N 端起约有 20 个氨基酸的排列顺序不同。据此，可将 Ig（主要是 γ、 δ、μ）分为 4 个亚组（$V_H I$、$V_H II$、$V_H III$、$V_H IV$）。

（二）轻链的免疫原性

根据轻链恒定区（C_L）氨基酸的组成与排列顺序不同，可将五类 Ig 的轻链分为两型，即 κ 型和 λ 型。每一抗体分子中两条对应的轻链总是同型的，不是 κ 型就是 λ 型。

此外，各种 Ig 的免疫原性还表现在：同种（isotype）专一性，同种异型（allotype）专一性，独特型（idiotype）专一性。

用木瓜蛋白酶（papain）将 IgG 分子从重链的第 219 位氨基酸处切断，得到 3 个片段。两个相同的叫作抗原结合片段 Fab（fragment antigen binding）段，由一条完整的轻链和一条不完整的重链组成，Fab 片段中的重链部分称为 Fb 片段。另一个是可结晶片段 Fc（fragment crystallizable）段。由连接重链的二硫键 C 端侧的两条不完整的重链组成。连接 Fab 和 Fc 段（即 C_H1 与 C_H2 间的狭窄区）称为铰链区（hinge region）。用胃蛋白酶（pepsin）将 IgG 分子从重链间的二硫键的 C 端切断，得到了一段较大的片段 F(ab)$'_2$，剩余的重链部分称 Fc′片段。Fab 和 F(ab)$'_2$ 片段均有抗体活性；而 Fc 与 Fc′片段则不同，前者具有免疫原性，后者因可继续被胃蛋白酶水解为若干小片段，因此其免疫原性消失（图 2-2）。

三、抗体的种类

抗体种类很多，分类方法有不同。

1. 根据获得抗体的不同分类

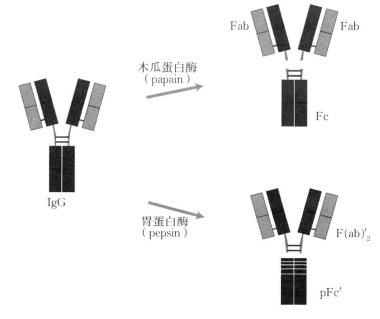

图 2 - 2　IgG 的水解示意图

（1）免疫抗体：患传染病后或经人工注射疫苗后产生的抗体，或是用已知抗原免疫动物产生的抗体，或是用单克隆抗体技术制备的抗体，近年还可用基因工程制备抗体。

（2）天然抗体：是指未患传染病也未注射疫苗而在体内出现的抗体。

（3）自身抗体：是机体对自身组织成分产生的抗体。

2. 根据抗原与抗体在试管内是否出现肉眼可见的反应进行分类

（1）完全抗体：能与抗原结合，在一定条件下出现可见的抗原抗体反应的抗体。

（2）不完全抗体：能与相应的抗原结合，在一定条件下不出现可见的抗原抗体反应。完全抗体具有完全的 Ig 分子结构，经酶水解后的片段 Fab 和 F (ab)$'_2$，可表现出不完全抗体的作用。不完全抗体与抗原结合后，抗原表面便具有抗体球蛋白的特性，如与抗球蛋白抗体作用后，则出现可见的反应。

四、抗原与抗体间的反应与关系

抗原与抗体之间的反应统称为免疫学反应。在体内进行的抗原抗体反应称为免疫反应，在体外进行的抗原抗体反应称为血清学反应。由于抗原的物理性状不同，参加反应的因素不同（有的有补体或吞噬细胞参加），因此，在抗体与抗原反应时，可再出现各种形式上的反应。

1. 抗原与抗体的结合是高度特异性的结合　抗原与抗体的结合是两者分子表面的物理化学吸附现象，抗原抗体复合物在一定的条件下可以解离。

2. 一个抗原分子有两个抗体结合点（称两价）　在一个抗原分子上则可有许多个抗体结合点（称多价）。抗原与抗体分子的结合，不受两者数量比例的限制，但如需要出现肉眼可见的反应，则抗原与抗体的量需保持一定比例。在抗原或抗体过量的条件下，不能聚合成大颗粒，因此不能出现肉眼可见的反应。

3. 主要的血清学反应有 3 个类型　即凝集反应、沉淀反应和有补体参加的各种血清学反应。

抗原是机体产生免疫反应的主要外因，决定免疫反应的特异性，机体与抗原物质的斗争过程中为抵御和排除抗原而产生的抗体、致敏淋巴细胞等物质，是机体排除异体物质的保护性反应。没有抗原的刺激，机体不能产生抗体；没有抗原物质，也无法检测抗体的存在；利用抗体也可以检测抗原物质。

五、抗体的产生

1957 年，澳大利亚科学家 Burne 提出了克隆选择学说，奠定了现代免疫学的基石，对很多免疫现象进行了科学阐释。以抗体的产生为例，B 淋巴细胞是随机形成的多样性的细胞克隆，每一克隆的 B 细胞表达一种特异性的抗原受体（BCR），即膜抗体分子。当受特定抗原刺激时，某一类能与抗原特异结合的 B 细胞通过 BCR 捕获相应抗原，从而被活化，进行克隆扩增，产生大量后代细胞，合成大量相同特异性的抗体。不同的抗原，则结合不同特异性的细胞表面 BCR 受体，选择活化不同的 B 细胞克隆，致不同的特异抗体产生。B 细胞产生抗体种类是受细胞内遗传基因编码的，抗原只是选择表达相应 BCR 的细胞，使之克隆扩增。

抗体多样性的产生与 BCR 基因重排有关。BCR 基因群的胚系基因为分隔的、数量众多的基因片段，必须在重组酶的作用下进行基因重排。在 B 细胞的骨髓发育阶段，BCR 基因群产生随机重排，从而造成一个 B 细胞克隆只表达一种 BCR。

抗体的产生过程可以简略的描述为如下几个过程：①抗原入侵体内，被抗原呈递细胞（主要为树突细胞）捕获和加工（降解成短肽），树突细胞携带抗原信息输入淋巴结、脾脏等外周淋巴组织，经过剪切加工过的抗原肽与 MHC 分子结合暴露于细胞膜表面，称为抗原呈递。②Th 细胞通过膜表面受体（TCR）识别抗原呈递细胞的 MHC‑抗原肽复合物，Th 细胞活化。③B 细胞通过 BCR 识别抗原，产生活化的第一信号。④活化的 Th 细胞继续活化 B 细胞，产生 B 细胞活化的第二信号。⑤在 Th 细胞的第二信号及细胞因子（如 IL‑4）作用下，B 细胞活化扩增，分化为浆细胞。在淋巴结中，B 细胞还会形成生发中心，经历体细胞高频突变，从而提高抗体的亲和力，称为抗体亲和力成熟。此外，B 细胞还会经历抗体的类别转换，从只能分泌 IgM 向分泌 IgM、IgG、IgA、IgE 等不同抗体类型转变。⑥生发中心产生的浆细胞大部分迁入骨髓，并在较长时间内持续产生抗体。

六、抗体的制备

抗体是免疫细胞化学技术的首要试剂，必须制备具有高特异性和高敏感性的高效价抗体。抗体的制备有不同的策略和方法，主要包括 3 种。

（一）多克隆抗体的制备

1. 多克隆抗体（polyclonal antibody，pAb）　用一种包含多种抗原决定簇的抗原免疫动物，可刺激机体多个 B 细胞克隆产生针对多种抗原表位的不同抗体。所获得的免疫血清实际上是含有多种抗体的混合物。

2. 多克隆抗体制备　通常通过使用抗原免疫动物（常用的动物为兔、狗、羊等），分离出抗血清，纯化抗体。多克隆抗体的缺点是均一性较差，其特异性相对较低。但其制备比较简便经济，而且多克隆抗血清通常包含抗某一抗原的不同表位的抗体，包括变性-抗性的表位，亲和力强，对低丰度蛋白的检测效果更好。

3. 多克隆抗体制备的常规流程　包括：①制备抗原（原核表达，多肽合成等）。②选择实验动物（常用兔）。③动物免疫，一般每只实验兔进行 4 次免疫，包括初次免疫（加入完全弗氏佐剂）和 3 次加强免疫（加入不完全弗氏佐剂）。④取血进行测试，检测是否成功免疫。⑤如果成功免疫，则处死实验动物，采集全部血清。⑥纯化出抗体（常用抗原亲和纯化、Protein A/G 纯化）。⑦鉴定抗体，包括抗体纯度及特异性。

（二）单克隆抗体的制备

1. 单克隆抗体（monoclonal antibody，mAb）　由一个识别一种抗原表位的 B 细胞克隆产生的同源抗体。高度均一，特异性强，效价高，少或无交叉反应性。

单克隆抗体制备技术最初是由 Kohler 和 Milstein（1975）利用 B 淋巴细胞杂交瘤技术创立的。要制备单克隆抗体需先获得能合成抗体的单克隆 B 淋巴细胞，但这种 B 淋巴细胞不能在体外生长。而实验发现骨髓瘤细胞可在体外生长增殖，应用细胞杂交技术使骨髓瘤细胞与免疫的淋巴细胞合二为一，得到杂交的骨髓瘤细胞。这种杂交细胞继承两种亲代细胞的特性，它既具有 B 淋巴细胞合成抗体的特性，也有骨髓瘤细胞能在体外培养增殖的特性，用这种来源于单个融合细胞培养增殖的细胞群，可制备针对一种抗原决定簇的单克隆抗体。单克隆抗体均一性高，并只和抗原某一表位结合，有更高的特异性。而且，该技术产生抗体的单克隆细胞可在体外传代繁殖，不受动物免疫时间限制生产抗体。只要管理和培养技术正确，抗体就可无限量地产生。

2. 小鼠来源的单克隆抗体通常操作流程

（1）免疫动物：是指用目的抗原免疫小鼠，使小鼠产生致敏 B 淋巴细胞的过程。一般选用 6～8 周龄雌性 BALB/c 小鼠，按照预先制订的免疫方案进行免疫注射。抗原通过血液循环或淋巴循环进入外周免疫器官，刺激相应 B 淋巴细胞克隆，使其活化、增殖，并分化成为致敏 B 淋巴细胞。

（2）细胞融合：通过眼球摘除放血法处死小鼠，无菌操作分离取出脾脏，在平皿内挤压研磨，制备脾脏细胞悬液。将准备好的同系骨髓瘤细胞与小鼠脾细胞按一定比例混合，并加入促融合剂聚乙二醇。在聚乙二醇作用下，淋巴细胞可与骨髓瘤细胞发生融合，形成杂交瘤细胞。

（3）选择性培养：目的是筛选融合的杂交瘤细胞，一般采用 HAT 选择性培养基，HAT 培养基中含有次黄嘌呤（hypo-xanthine，H）、氨基蝶呤（aminpterin，A）以及胸腺嘧啶核苷（thymidine，T）3 种关键的有机物质。在 HAT 培养基中，哺乳动物的 DNA 的从头合成途径被叶酸拮抗药氨基蝶呤阻断；补救合成途径可在次黄嘌呤-鸟嘌呤-磷酸核糖转移酶的催化下利用次黄嘌呤和胸腺嘧啶合成 DNA。因此未融合的骨髓瘤细胞因缺乏次黄嘌呤-鸟嘌呤-磷酸核糖转移酶，不能通过补救途径合成 DNA 而死亡。而未融合的淋巴细胞虽具有次黄嘌呤-鸟嘌呤-磷酸核糖转移酶，但其本身不能在体外长期存活也逐渐死亡。只有融合的杂交瘤细胞由于从脾细胞获得了次黄嘌呤-鸟嘌呤-磷酸核糖转移酶，并具有骨髓瘤细胞能在体外生长增殖的特性，因此能在 HAT 培养基中存活和增殖。

（4）杂交瘤阳性克隆的筛选与克隆化：在 HAT 培养基中生长的杂交瘤细胞，只有少数是分泌预定单克隆抗体的细胞，因此，必须进行筛选和克隆化。通常采用有限稀释法进行杂交瘤细胞的克隆化培养。采用免疫学方法，筛选出能产生所需单克隆抗体的阳性杂交瘤细胞，进行克隆扩增。在经过鉴定其所分泌单克隆抗体的免疫球蛋白类型、亚类、特异性、亲和力、识别抗原的表位及其分子量后，及时进行冻存。

（5）单克隆抗体的制备：单克隆抗体的大量制备主要采用动物体内诱生法和体外培养法。

1）体内诱生法：取 BALB/c 小鼠，首先腹腔注射 0.5 mL 液状石蜡或降植烷进行预处理。1～2 周后，腹腔内接种杂交瘤细胞。杂交瘤细胞在小鼠腹腔内增殖，并产生和分泌单克隆抗体。经 1～2 周，可见小鼠腹部膨大。用注射器抽取腹水，即可获得单克隆抗体。

2）体外培养法：将杂交瘤细胞置于培养瓶中进行培养。在培养过程中，杂交瘤细胞产生并分泌单克隆抗体，收集培养上清液，离心去除细胞及其碎片，即可获得所需要的单克隆抗体，但这种方法产生的抗体量有限。近年来，新型培养技术和装置不断出现，提高了抗体的生产量。杂交瘤细胞融合后，要经过筛选才能使用。杂交瘤细胞的筛选分为两次：一次是筛选出杂交瘤细胞；另一次是在初选的杂交瘤细胞中筛选出能产生特异性抗体的杂交瘤细胞，这两次筛选的方法和原理各不相同。

此外，除小鼠单克隆抗体外，目前兔单克隆抗体的开发也变得常见。结合基因工程抗体技术，兔单克隆抗体的生成有很多优点：①具有多样性，可以识别更多的抗原表位。②具有更高的特异性和亲和力，亲和力平均为鼠单克隆抗体的 100～1000 倍。③检测灵敏度大幅提高 2～3 个数量级，且检测误差大幅降低。④无须进行细胞融合，可以大大缩短抗体开发的周期。⑤批间稳定性远大于基于细胞、动物的抗体开发体系。⑥减少了动物源性抗体的不确定性。⑦极大地提高了抗体工程化改造、性能优化的可能性。⑧取外周血直接分选 B 细胞，减少或避免动物伦理风险。⑨在 IHC/IF 等原位免疫实验中表现出优异性能。⑩在小分子类的抗体制备上有独特优势。

（三）基因工程抗体的制备

基因工程抗体又称重组抗体，是指利用重组 DNA 及蛋白质工程技术对编码抗体的基因按不同需要进行加工改造和重新装配，经转染适当的受体细胞所表达的抗体分子。

一般是将免疫特异性重链和轻链抗体基因克隆到高效表达载体，再将这些载体引入表达宿主（如细菌、酵母或哺乳动物）中，用于生产商品化重组抗体。其一般技术路线为：将抗原免疫动物，一定时间后于无菌条件下取出小鼠脾脏，提取脾细胞总 RNA，以 RNA 逆转录合成的 cDNA 为模板，PCR 扩增抗体，将抗体中的轻链、重链连接成 ScFv（single-chain-variablefragment）。酶切经 PCR 扩增的 ScFv 片段，并使其与噬菌体载体连接，然后以常规方法转化入大肠埃希菌或其他生物体中。人工培养带有噬菌体抗体的大肠埃希菌，即得到重组抗体。该方法生产抗体速度快，并可人工改变抗体特性。

另外，基因工程也用于人源化抗体的生产。由于目前制备的抗体均为鼠源性，临床应用时，该抗体对人是异种抗原，重复注射可使人产生抗鼠抗体，从而减弱或失去疗效，并增加了超敏反应的发生。因此，在 20 世纪 80 年代早期，人们开始利用基因工程制备抗体，以降低鼠源抗体的免疫原性及其功能。目前大多采用人抗体的部分氨基酸序列代替某些鼠源性抗体的序列，经修饰制备基因工程抗体，称为第三代抗体。基因工程抗体主要包括嵌合抗体、人源化抗体、完全人源抗体、单链抗体及双特异性抗体等。

单个 B 细胞技术是近年来新发展的一类快速制备单克隆抗体的技术，是根据每一个 B 细胞只含有一个功能性重链可变区 DNA 序列和一个轻链可变区 DNA 序列，以及每一个 B 细胞只产生一种特异性抗体的特性，从免疫动物组织或外周血中分离抗原特异性 B 细胞，通过单细胞 PCR 技术从单个抗体分泌 B 细胞中扩增 IgG 重链和轻链可变区基因，然后在哺乳动物细胞内表达获得具有生物活性的单克隆抗体。这种方法保留了重链和轻链可变区的天然配对，具有基因多样性好、效率高及全天然源性的特点，成为目前快速开发针对抗病毒感染性疾病抗体的重要策略。

七、抗体的鉴定

（一）抗体的效价鉴定

用于诊断还是用于治疗的抗体，其制备都要求具有较高的特异性、效价。抗体效价测定的方法很多，包括琼脂扩散试验、试管凝集反应及酶联免疫吸附试验（enzyme linked immunosorbent assay，ELISA）等。常用的抗原所制备的抗体一般都有约定成俗的鉴定效价的方法，以便比较。如多克隆抗体的效价，一般采用琼脂扩散试验来测定。

（二）抗体的特异性鉴定

抗体的特异性是指与相应抗原或近似抗原物质的识别能力。比如同一抗体对不同血清类型登革热病毒的识别特异性。抗体的特异性越高，它的识别能力就越强。衡量特异性主要以交叉反应率来表示，可用竞争抑制试验测定。其原理为以不同浓度抗原和近似抗原分别做竞争抑制曲线，计算各自结合率，求出各自在 IC50 时的浓度。如果所用抗原浓度 IC50 浓度为"pg/管"，而一些近似抗原物质的 IC50 浓度几乎是无穷大时，表示这一抗体与其他抗原物质的交叉反应率近似为 0，即该抗体的特异性较好。

（三）抗体亚型鉴定

单克隆抗体来源不同的杂交瘤克隆，不同的杂交瘤克隆能产生不同类型的抗体，包括 IgG_1、IgG_{2a}、IgG_{2b}、IgG_3、IgM、IgA 等不同类型。不同亚型的抗体特性不一，具有不同的结构域（铰链区、Fc 端氨基酸等存在差异），结构域的不同会影响理化性质和生物功能，包括抗原的结合、免疫复合物的形成、补体活化及降解速率等。因此，需要鉴定抗体亚型。通常采用不同抗体亚型的抗体，通过 ELISA 方法鉴定抗体亚型。

（四）抗体的亲和力

抗体的亲和力是指抗体和抗原结合的牢固程度。亲和力的高低是由抗原分子的大小、抗体分子的结合位点与抗原决定簇之间立体构型的合适度决定的。调控抗原抗体复合物稳定的分子间力有范德华力、氢键、疏水键、侧链相反电荷基因的库仑力和空间斥力。亲和力常以亲和常数 K 表示，K 的单位是 L/mol，通常 K 的范围为 $10^8 \sim 10^{10}$/mol，也有高达 10^{14}/mol。抗体亲和力的测定对抗体的筛选，确定抗体的用途，验证抗体的均一性等均有重要意义。通常采用生物膜干涉技术（bio-layer interferometry，BLI）、表面等离子体共振法（surface plasmon resonance technology，SPR）、ELISA、放射免疫测定（radio immunoassay，RIA）等方法鉴定抗原抗体间的亲和力。

生物膜干涉技术可以检测抗原抗体、受体配体、药物和靶标之间的相互作用。其测定的原理为：生物传感器底端被固定的分子组成的生物膜层覆盖，当具有一定带宽的可见光垂直入射生物膜层时，光在生物膜层的两个界面反射后形成被光谱仪检测到的一定波长的干涉波。固定分子与溶液中分子发生相互作用时，导致生物层厚度增加，引起干涉光谱曲线向波长增加的方向移动。光谱相位移动由接收器检测并分析，可定量得出传感器表面分子数量变化及相关浓度与动力学数据。

（五）交叉反应

抗体与具有相同或相似表位的不同抗原的反应，称为交叉反应。交叉反应现象的形成可能与下列因素有关：①共同抗原，不同生物体的某些生物大分子具有相同的抗原结构。②共同表位，不同的生物大分子的某些片段（肽段）具有相同的表位。③相似表位，不同的生物大分子，其表位的部分空间构象十分类似，可以和同一种抗体的互补决定区相契合。例如变形杆菌 X19 型菌株与立克次体之间有共同的抗原表位。在临床检验上，交叉反应会造成假阳性，因而需要严格设置阴性和阳性对照，并对所用抗体的特异性和交叉反应进行鉴定。

八、抗体的纯化

来自血清、腹水中的抗体通常需要经过提纯浓缩，才会便于保存和应用。抗体纯化方法包括亲和色谱法、离子交换色谱法、尺寸排阻色谱法和疏水作用色谱法等（表 2 - 2）。

表 2 - 2　四大抗体纯化方法对比

名　　称	分离原理
亲和色谱法	固定相只能与一种待分离组分专一结合，因此无法和无亲和力的其他组分分离。
离子交换色谱法	固定相是离子交换剂，各组分与离子交换剂亲和力不同。
尺寸排阻色谱法	固定相是多孔凝胶，各组分的分子大小不同，因而在凝胶上受阻滞的程度不同。
疏水作用层色谱法	固定相是固相吸附剂，组分在吸附剂表面吸附，疏水作用不同。

　　亲和纯化是一种常用的抗体纯化方法。其利用亲和力的差异、可逆结合反应对抗体进行分离。适用于从成分复杂且杂质含量远大于目标物的混合物中提纯目标物。琼脂糖首先与具有选择性亲和能力的介质偶联，结合成具有特异亲和性的分离介质，然后加入成分复杂的混合物也就是样品，介质与样品中的物质特异亲和，平衡液清洗杂质，最终洗脱获得目标物质。常用的亲和纯化方法包括 Protein A/G 纯化法和抗原亲和纯化法。

（一）Protein A/G 纯化法

　　细菌蛋白对抗体的高亲和力使其成为用于检测和纯化抗体的一种有效的工具。其中，金黄色葡萄球菌蛋白 A（staphylo-co-ccal protein A）和链状球菌蛋白 G（streptococcal protein G）是常见的两种用于纯化抗体的配体，它们能够与不同物种或不同亲和力的抗体结合。

　　金黄色葡萄球菌蛋白 A（protein A）源于革兰氏阳性金黄色葡萄球菌。天然的 protein A 含有 5 个同源免疫球蛋白（大多数为 IgG）结合域，可以与抗体的 Fc 区特异性结合。链状球菌蛋白 G（protein G）是一种来自链状球菌的细胞壁蛋白。与 protein A 相似，protein G 可与 IgG 的 Fc 区段特异性结合，但是 protein G 能够特异性结合的抗体种类更加多样，对于常见物种 IgG 的结合能力也比较好，血清蛋白结合水平更少，纯度也更高。总的来说，protein A 和 protein G 各有优缺点。经过基因工程改造的重组 protein A 与琼脂糖介质的多位点结合，从而保证其耐受力，使其可以在恶劣洗脱条件下最高限度地保持配体不脱落。protein G 则能结合大多数哺乳动物的 IgG，并且具有更高的亲和力（其中人源和鼠源的抗体最为显著），但却不能像 protein A 一样可以耐受住严苛的洗脱条件。

（二）抗原亲和纯化法

利用抗原为配体的亲和纯化称为抗原亲和纯化，是一种纯化特定抗体的有效手段。其原理为抗原作为亲和配体，被化学偶联在凝胶介质上。为了建立亲和层析，需要大量的纯化抗原，这意味着需要人工表达、合成或纯化抗原，同时也要注意确保抗原不变性。目标抗体将特异性结合抗原，最终通过洗脱获得目标抗体。

抗原亲和纯化法与 Protein A/G 纯化法主要区别在于，抗原是与抗体的 Fv 区特异性结合，Protein A/G 则是与抗体的 Fc 区特异性结合。因此，抗原亲和纯化能够高效识别和结合目标抗体，主要用于从多克隆抗体中纯化抗原特异性的抗体。

九、抗体的配制和储存

抗体的配制和储存包括抗体储存液和抗体工作液的配制。新制备或购进的抗体是原液或冻干粉，抗血清为全血清，单克隆抗体是培养上清液或腹水。

（一）抗体储存

获得新抗体后，应先根据生产厂家提供的抗体效价，将其分装，可每 10 μL 或 100 μL 分装入安瓿或 0.25 mL 带盖塑料管中，密封。放入 −40 ℃～−20 ℃冰箱中保存备用，一般可保存 1～2 年。小量分装的抗体可一次用完，避免反复冻融而引起效价降低。一般用前新鲜配制工作液体，稀释的抗体不能长时间保存，在 4 ℃可存放 1～3 天，超过 7 天效价显著降低。

（二）抗体工作液的配制

无论是第一抗体、第二抗体或各种标记抗体，用前都必须按不同免疫染色方法和抗原性强弱与抗原的多少，将各种抗体原液稀释成工作液，以便获得最佳染色效果。

1. 抗体最佳稀释度的测定方法　用已知阳性抗原切片，进行免疫染色，将其阳性强度与背景染色强度以"＋"号表示，（＋＋＋＋）为最强阳性，（＋＋＋）为强阳性，（＋＋）为较阳性，（＋）为弱阳性，（－）为阴性。

（1）直接测定法：用于测定第一抗体的最佳稀释度，其他条件稳定可靠，将第一抗体倍比稀释为不同稀释度（如 1：50、1：100、1：200、1：400、1：500 等）滴加在阳性抗原切片上，同时设一替代和阴性对照，结果如表 2 - 3。

表 2 - 3　选择最佳稀释抗血清方法

第一抗体稀释度	特异性染色强度	非特异性背景染色强度
1：50	＋＋＋＋	＋＋
1：100	＋＋＋＋	＋＋
1：200	＋＋＋＋	＋＋
1：400	＋＋＋	＋
1：500	＋＋	－
阴性对照	－	－

从表 2 - 3 中可见，一抗稀释到 1：400 时，结果呈强阳性，背景染色减少，其最佳稀释度为 1：400～1：500。再做

1∶400、1∶500、1∶600、1∶700、1∶800稀释后，找出最佳稀释度。

（2）棋盘（方阵）测定方法：当测定两种以上抗体的最佳配合稀释度时，必须采用此法（表2-4）。

表2-4 两种以上抗体最佳配合稀释度选择

第二抗体	第一抗体			
	1∶500	1∶1000	1∶2000	1∶40000
1∶100	++++（++）	++++（++）	+++（±）	+（-）
1∶200	++++（+）	+++（-）	++（-）	++（-）
1∶400	++（-）	+（-）	-	-

注：括号内为背景染色结果。

从表2-4可见第一抗体1∶1000，第二抗体1∶200接近最佳稀释度，再将第一抗体做1∶600、1∶700、1∶800、1∶900和1∶1000稀释，即可找出最佳稀释度。

2. 抗体稀释液的配制 常用PBS或TBS缓冲液作抗体稀释液。可用以下方法配制专用的抗体稀释液，防止抗体效价下降，减少抗体在组织上的非特异性吸附：取0.05 mol/L（pH 7.6）PBS 100 mL，加温到60 ℃，再加入优质明胶100 mg，搅拌溶解后，冷却至室温，加入1 g牛血清白蛋白，加入NaN$_3$ 50 mg溶解后，过滤，分装，4 ℃保存。

抗体的最佳稀释度因各种抗体的效价不同和组织中抗原强弱不同而不同，应根据不同情况适当调整，以取得中等阳性稀释度为佳，因其既适合于免疫原性强和含量多的标本，也可用于免疫原性弱的标本。

十、抗体的标记

抗体标记是指将标记物（酶、荧光素、生物素等）共价连接到抗体上，与待检测物（如某些特定抗原）特异性反应形成多元复合物，并借助荧光显微镜、射线测量仪、酶标检测仪、电子显微镜和发光免疫测定仪等精密仪器对试验结果直接镜检观察或进行自动化测定，可以在细胞、亚细胞、超微结构及分子水平上对抗原、抗体反应进行定性和定位研究或应用各种液相和固相免疫分析方法对体液中的半抗原、抗原进行定性和定量测定。常用的标记物有酶（辣根过氧化物酶、碱性磷酸酶和β-半乳糖苷酶），荧光染料、生物素（biotin）、胶体金等，它们主要用来标记抗体，但也可用于标记抗原、凝集素等。

（一）荧光素标记

荧光素（又称荧光染料）指在高能量光波（常用不同波长的激光）的激发下能产生荧光的物质。荧光素抗体标记技术是将荧光素以化学方法与特异性抗体共价结合，形成荧光素-蛋白质结合物（即荧光素标记抗体），目前常用的标记抗体的荧光素有异硫氰酸荧光素（fluorescein isothiocyanate，FITC）、得克萨斯红（Texas red）、四甲基异硫氰酸罗丹明（tetraethyl rhodamine isothiocyanate，TRITC）和羰花青类（carbocyanine，Cy）等。

FITC 纯品为黄色或橙黄色结晶粉末，分子量为 389.39，易溶于水和乙醇溶剂，吸收光波长为 490～495 nm，发射光波长为 520～530 nm，呈现明亮的黄绿色荧光。FITC 可在冷暗干燥处保存多年，是目前应用最广泛的荧光素。TRITC 为紫红色粉末，是罗丹明家族的衍生物，其吸收光谱为 550 nm，发射光谱为 620 nm，呈橙红色荧光。Cy 类染料（Cy3、Cy5、Cy5.5、Cy7）荧光强度高、稳定性强，对光淬灭有抵抗力而荧光不易消退，因而广泛用于蛋白、抗体、核酸及其他生物分子的标记和检测。其他的荧光素包括 APC、PE、Alexa Fluor 350、Alexa Fluor 488、Alexa Fluor 555、Alexa Fluor 594、Alexa Fluor 647 等。

荧光素的标记原理为：在碱性水溶液中，FITC 和 TRITC 的异硫氰酸基与抗体的自由氨基经碳酰胺化而形成硫碳氨基键，如 FITC 上的化学基团异硫氰基（$-N=C=S$）与抗体蛋白自由氨基（主要是赖氨酸的 ε-氨基）结合，将两者连接起来，即为荧光标记抗体。

（二）酶标记

酶作为免疫组织化学中最常用的标记物，通常具有以下特征：①酶催化的底物具有特异性且易于显示。②酶反应的终产物不溶且稳定不易扩散。③纯酶分子来源方便易于纯化且性质稳定。④酶标记抗体后，不影响抗体的免疫活性和酶的催化活性。⑤被检测组织中不存在内源性酶或酶促底物。在免疫酶技术中常用的酶为辣根过氧化物酶（horseradish peroxidase，HRP）和碱性磷酸酶（alkaliue phosphatase，ALP），其次还有 β-半乳糖苷酶、葡萄糖氧化酶和苹果酸脱氢酶等。

HRP 活性高、稳定、分子量小且纯酶容易制备，所以应用最广。HRP 广泛分布于植物界，辣根中含量最高，而在大多数动物组织内源性酶水平很低。HRP 标记单抗和多克隆抗体的常用方法是过碘酸钠法。其原理是 HRP 的糖基用过碘酸钠氧化成醛基，加入抗体 IgG 后该醛基与 IgG 氨基结合，形成 Schiff 碱。为了防止 HRP 中糖的醛基与其自身蛋白氨基发生偶合，在用过碘酸钠氧化前先用二硝基氟苯阻断氨基。氧化反应结束后，用硼氢化钠稳定 Schiff 碱。

ALP 用于标记抗体，常用戊二醛一步法，将酶和单克隆抗体混合，再加入适量戊二醛，使酶和抗体蛋白的 NH_2 分别与两个醛基结合，制备成结合物。该法简便，但所得产物不均一，酶标记率低。

（三）生物素化标记

抗生物素蛋白（亲和素）与生物素都可与蛋白质（包括抗原、抗体、酶等）、荧光素等分子结合而不影响后者的生物活性，且生物素标记反应简单、温和、很少抑制抗体活性，是理想的标记物。一个抗体分子可偶联数十个生物素或抗生物素蛋白分子，而抗生物素蛋白或生物素分子又可与酶或荧光素结合，从而组成一个生物放大系统，显著提高检测的灵敏度。常用的有标记抗生物素蛋白-生物素法（LAB 法）、桥联抗生物素蛋白-生物素法（BAB 法）和抗生物素蛋白-生物素-过氧化物酶复合物法（ABC 法）。

其标记原理为抗体或其他蛋白质的 ε-氨基与酰化的生物素共价结合。其后，生物素化的分子可应用酶标-抗生物素蛋白或荧光素-链霉抗生物素蛋白复合物来检测。

（四）胶体金标记

胶体金是由氯金酸（HAuCl₄）在还原剂如抗坏血酸、枸橼酸钠、鞣酸等作用下，可聚合成一定大小的金颗粒，并由于静电作用成为一种稳定的胶体状态，形成带负电的疏水胶溶液，由于静电作用而成为稳定的胶体状态，故称胶体金。胶体金在弱碱环境下带负电荷，可与蛋白质分子的正电荷基团形成牢固结合，由于这种结合是静电结合，所以不影响蛋白质的生物特性。

胶体金标记技术是以胶体金作为显色剂或示踪标记物，应用于抗原抗体反应的一种新型标记技术。由于它不存在放射性同位素污染以及内源酶干扰等问题，且利用不同颗粒大小的胶体金还可以作双重甚至多重标记，使定位更加精确。

胶体金标记，实质上是蛋白质等高分子被吸附到胶体金颗粒表面的包被过程。吸附机制可能是胶体金颗粒表面负电荷，与蛋白质的正电荷基团因静电吸附而形成牢固结合。用还原法可以方便地从氯金酸制备各种不同粒径，也就是不同颜色的胶体金颗粒。这种球形的粒子对蛋白质有很强的吸附功能，可以与免疫球蛋白等非共价结合，因而在基础研究和临床实验中成为非常有用的工具。当这些标记物在相应的配体处大量聚集时，肉眼可见红色或粉红色斑点，因而用于定性或半定量的快速免疫检测。

十一、抗体的选择

如何选购自己实验需要的抗体？免疫印迹检测线性表位的

抗原，而免疫荧光、流式细胞分析术等检测具有天然构象的抗原。因而不同的技术方法，不同的实验目的，所使用的抗体类型有显著区别。

一般而言，商品化的抗体，其说明书都列出该抗体经测试验证过适用于何种分析类型，如可以应用于免疫印迹（western blot，WB）、免疫组织化学（IHC）、冰冻切片免疫荧光、ELISA、流式细胞（flow cytometry，FCM）分析等。适用于动物的种属范围，如可以用于大鼠、小鼠、人、猪和羊等动物的标本实验。如果样本的种类并未列入抗体说明书上的动物反应种属表中，并不绝对表明该抗体不适用于检测该物种的蛋白，而只是表示该物种尚未用此抗体实验确证过。为了避免风险，一般不建议将抗体应用于说明书中没有提及的种属。或者通过蛋白序列比对的方法（Expasy 和 NCBI BLAST）来比较蛋白全长或某段结构域的同源性，同源性比较高，也可以尝试。

了解样本蛋白的结构性质有助于选择合适的抗体，有两方面因素需要考虑。其一，待测样本蛋白的结构域。抗体是由各种不同免疫原免疫宿主而制备得来，其中的免疫原包括：全长蛋白、蛋白片段、多肽、全有机体（如细菌）或细胞。抗体说明书一般都有免疫原的描述，如果待检测的是蛋白片段或一种特殊的同型物或蛋白全长的某一区域，则必须选择用含此片段域的免疫原制备出的抗体。如果检测用荧光标记抗体通过流式检测活细胞的表面蛋白，则需要选择含该表面蛋白的胞外域来免疫制备的抗体。

其二，样本的提取或处理过程。某些抗体要求样本经过某些特殊处理，如一些抗体只识别还原变性的、表位已暴露、丧失二级四级结构的蛋白样本。另一些抗体仅识别具有天然折叠构象的蛋白。因而，当选择石蜡切片和冰冻切片的抗体时，应注意某些抗体只识别冷冻组织抗原，而另一些抗体则适用于需抗原修复解交联步骤的甲醛固定石蜡包埋的组织抗原。

对于免疫组织化学而言，还需要注意选择与样本不同种系物种的第一抗体，从而避免第二抗体与样本内源性免疫球蛋白（内源性抗体）产生交叉反应，如检测小鼠组织蛋白，不应选择小鼠或大鼠来源的第一抗体，最好选羊来源的第一抗体，则第二抗体可选择偶联检测分子（酶、荧光素、生物素等）的抗羊 IgG。如果选择有偶联物的第一抗体则不适用上述情况。

（李　涛　张　冉）

参考文献

[1] 曹雪涛. 医学免疫学 [M]. 7 版. 北京：科学出版社，2018.

[2] 吕世静，李会强. 临床免疫学检验 [M]. 4 版. 北京：中国医药科技出版社，2020.

[3] （美）E. 哈洛，D. 莱恩. 抗体技术实验指南 [M]. 沈关心，龚非力，等译. 北京：科学出版社，2005.

[4] 邱曙东，宋天保. 组织化学与免疫组织化学 [M]. 北京：科学出版社，2008.

第三章　免疫组织与细胞化学中标本的处理

　　组织材料的正确处理是获得良好免疫组织化学结果的前提，必须保证待检测的细胞或组织取材新鲜，固定及时，形态保存完好，抗原物质的抗原性不丢失、不扩散、不被破坏。

　　免疫组织化学技术是指用标记的特异性抗原或抗体在组织细胞原位通过抗原抗体的免疫反应和组织化学的呈色反应，对相应的抗原或抗体进行定性、定位、定量测定的一项免疫学检测方法。抗原的准确显示和定位与制备的细胞及组织标本质量有着密切的关系。由于各种抗原的物理、化学及生化性质不同，如温度、酸碱度及各种化学试剂等的作用均可影响抗原的免疫学活性，良好的细胞组织学结构将有助于抗原的准确定位及相关的功能研究。因此，细胞和组织标本的采集及制备在免疫组织化学技术中占有十分重要的位置。

第一节　细胞标本的取材

　　目前，免疫组织化学技术已经广泛应用于临床病理诊断，用于鉴别低分化癌与恶性淋巴瘤、黑色素瘤、低分化肉瘤等，如广谱角蛋白（cytokeratin pan，CK-pan）用于标记上皮及上皮来源的肿瘤，特别是对鉴别和判断转移性肿瘤是否为上皮源性有一定的意义；簇分化抗原（cluster of differentiation，CD）广泛应用于白血病和恶性淋巴瘤的分类分型。近年来，培养细胞的免疫组织化学技术在鉴定细胞的分类、分化程度、表面抗原特点以及肿瘤结构成分改变等方面的研究均起到了积极的作用。

细胞标本的取材有 3 种方法。

1. 印片法　主要应用于活组织检查标本和手术切除标本。新鲜标本以最大面积剖开，充分暴露病变区，将载玻片轻轻压于病变区，脱落的细胞便黏附在玻片上，立即将玻片浸入细胞固定液内 5~10 min，取出后自然干燥，低温保存备用。

此法的优点是简便省时，细胞抗原保存较好。缺点是稀薄分布不均匀，玻片上细胞重叠，影响标记效果。

2. 穿刺吸取涂片法　主要应用于实质器官的病变区，如肝、肾、肺、淋巴结、软组织等。用细针穿刺吸取病变区内液体成分，如穿刺液较少时，可直接涂抹在载玻片上，力求细胞分布均匀。如穿刺液较多时，细胞丰富，可用洗涤法：将穿刺液滴入盛有 1~2 mL Hanks 液（RPMI 1640 液）的试管内，轻轻搅拌，以 500 r/min 低速离心 5~10 min 后，弃上清液，将沉淀制成细胞悬液（浓度为 2×10^6 个细胞/mL），吸取 1 滴于载玻片上，轻轻涂抹，待涂片略干即可固定。

该法的优点是操作简便，细胞形态保持较好。缺点是细胞分布不均匀。洗涤法涂片虽可弥补这一缺点，但操作复杂，细胞常常发生变形。

3. 体液沉淀涂片法　主要用于胸腔积液、腹水、尿液、脑脊液等体液多、细胞少的标本。体液采取后，必须立即处理。根据标本内细胞数量选用不同的处理方法：①细胞数量极多者，可吸取少量液体直接涂在玻片上。②细胞数量较少者，可将液体自然沉淀，然后吸取 5 mL 左右沉淀液，以 1500 r/min 离心 10 min，弃上清液，将沉淀涂片，略干后固定备用。

如果采用细胞离心涂片器，可将标本用上述离心沉淀法制成 2×10^6 个细胞/mL 的细胞悬液，吸取 50 μL 加入涂片器内，即制成分布均匀的细胞涂片，细胞分布在直径约为 6 mm 的小圆圈内，每个圆圈内的细胞数约 10^5 个。

培养细胞标本的取材可根据培养的细胞特性分别采取不同的方法。某些细胞有不贴壁生长的特性，如成纤维细胞、黏液癌细胞等，只需将载玻片插入培养液内即可收集到理想的细胞标本。某些细胞只能在培养液中生长，可用上述体液沉淀离心涂片法处理。

制备细胞涂片时应注意：①标本反复离心洗涤，细胞的黏附性降低，在免疫组织化学染色过程中容易脱片，因此，在制备涂片前载玻片上应涂黏附剂。②为节省试剂和便于镜下观察、计数，应将细胞集中到直径 0.6～1.0 cm 的圆圈内，细胞总数以 10^5 个为宜。③黏液丰富的标本，如痰液、胃液等，未经特殊处理，一般不宜作免疫组织化学标记。

第二节 组织标本的取材

组织标本主要取自手术切除标本、动物模型标本以及尸体解剖标本等。前两者均为新鲜组织，后者是机体死亡 2 h 以上的组织，可能有不同程度的自溶，其抗原可能有变性消失、严重弥散现象，因此，组织必须及早、及时固定，组织的固定以愈新鲜愈好，尤其是尸体解剖组织应尽快固定处理，以免影响免疫组织化学标记效果。但有些较稳定性抗原，如 HBsAg、HBcAg 等在尸体解剖组织中，抗原显示仍较好。各器官组织取材方法参见第一章。

第三节 细胞和组织的固定

一、固定

为了更好地保持细胞和组织原有的形态结构，防止组织自溶，有必要对细胞和组织进行固定。固定的作用不仅是使细胞内蛋白质凝固，终止或抑制外源性和内源性酶活性，更重要的是最大限度地保存细胞和组织的抗原性，使水溶性抗原转变为非水溶性抗原，防止抗原弥散。

不同抗原，其稳定性也不同，因而对固定剂的耐受性差异较大。如 T 淋巴细胞表面抗原属不稳定性抗原，其抗原活性容易丧失。而 HBsAg 属于稳定性抗原，其抗原活性很少受固定剂种类、固定时间、温度等因素的影响。

如想得到理想的免疫化学，染色结果，正确地判断抗原物质在组织细胞内的位置，除须有良好酶和抗体外，保持组织细胞内抗原物质的不动性（immobility）和免疫活性也是至关重要的。换言之，如果抗原物质在组织细胞间弥散、丢失或失去免疫活性，无论如何努力染色都是徒劳的，所以说固定是免疫化学染色中非常重要的一环。IHC 与其他组织染色技术不同，除要求保存良好的结构外，还需保存组织抗原的免疫活性。一般认为，新鲜组织能够最大限度地保存组织抗原的免疫活性，但结构较差，易出现抗原弥散丢失现象。Cumming（1980）报道，不固定的组织切片 IHC 染色时，环鸟苷酸含量丢失 80％以上。固定的目的是构成组织细胞成分的蛋白质等物质不溶于水和有机溶剂，并迅速使组织细胞中各种酶降解、失活，防止组织自溶和抗原弥散，保持组织细胞的完整性和所要检测物质的抗原性。因此，迅速、充分固定是 IHC 染色成功的关键一步。

二、固定剂

用于免疫组织化学的固定剂种类较多，性能各异，在固定半稳定性抗原时，尤其须重视固定剂的选择。

（一）醛类固定剂

醛类固定剂为双功能交联剂，其作用是使组织之间相互交联，保存抗原于原位，其特点是对组织穿透性强，收缩性少。

有人认为它对 IgM、IgA、J 链、K 链和 λ 链的标记效果良好，背景清晰，是常用的固定剂。试剂的分类及配制方法参见第一章。

（二）醇类及丙酮固定剂

醇类系最初免疫组织化学染色的固定剂，其作用是沉淀蛋白质和糖类物质，对组织穿透性很强，保存抗原的免疫活性较好。但醇类对低分子蛋白质、多肽及细胞质内蛋白质的保存效果较差，解决的办法是与其他试剂混合使用，如冰乙酸、乙醚、氯仿、甲醛等。试剂的分类及配制方法参见第一章。

（三）非醛类固定剂

Pe 等人比较几种非醛类双功能试剂指出，碳化二亚胺、二甲基乙酰、二甲基辛酰亚胺和对苯醌等均适用于多肽类激素的组织固定，单独使用时，边缘固定效应重，但与戊二醛或多聚甲醛混合使用，效果明显改善。试剂的分类及配制方法参见第一章。

用于免疫组织化学的固定剂种类很多，不同的抗原和标本均须经过反复试验，选用最佳固定液。不少学者认为，迄今尚无一种标准固定液可以用于各种不同的抗原固定。而且同一固定液固定的组织，免疫组织化学染色标记效果可截然不同。选择最佳固定液标准是：①能最好地保持细胞和组织的形态结构。②最大限度地保存抗原的免疫活性，一些含金属的固定液在免疫组织化学技术中是禁用的。实践经验告诉我们，中性缓冲甲醛（或多聚甲醛）是适应性较广泛的固定液，但固定时间不宜过长。必要时，可作多种固定液对比，从而选出理想的标准固定液。

固定组织时应注意：①应力求保持组织新鲜，勿使其干燥，尽快固定处理。②组织块不宜过大过厚，必须小于2.0 cm×1.5 cm×0.3 cm，尤其是组织块厚度必须控制在0.3 cm以内。③固定液必须有足够的量，其体积一般大于组织20倍以上，否则组织中心固定不良。④组织固定后应充分水洗，去除固定液，以减少固定液造成的假象。

固定组织的时间与材料的大小和温度有关：材料大则时间长，材料小则时间短；温度高则时间短，温度低则时间长。

经固定的材料如不及时使用，可以经过90%乙醇换到70%乙醇中各半小时，再换入一次70%乙醇，在0 ℃～4 ℃冰箱内可保存半年。经过较长时间保存的材料进行观察前可以换新的固定液再处理一次，效果较好。

另外，大多数神经激素、肽类物质为水溶性，在用于免疫组织化学研究之前，常需固定。但肽类和蛋白质的物理、化学性质不同，因而对不同的固定方法或固定剂的反应也不尽相同。某些固定剂甚至可同时破坏和/或保护同一抗原的不同抗原决定簇。因此，在进行免疫组织化学研究之前，很有必要了解所要研究的物质（蛋白质或肽类）的化学性质，并根据需要来选择适宜的固定剂（或固定方法）以及改进固定条件。

三、固定方法

1. 浸入法 具体介绍参见第一章固定方法。

2. 局部注射固定法 具体介绍参见第一章固定方法。

3. 灌注法　具体介绍参见第一章固定方法。

浸入法主要适用于活检和手术标本，以及其他不能进行灌注的组织固定。灌注法固定可使固定液迅速达到全身各组织，起到充分固定的目的。灌注冲洗还能排除红细胞内假过氧化酶的干扰。用于 IHC 的固定剂种类较多，选择时应根据所要检测物质的抗原性和切片方法及所用抗体特征等进行最佳筛选。

第四节　组织切片处理

光镜 IHC 染色，常用的有冰冻切片和石蜡切片两种，两者各有其优缺点，应根据抗原的性质、实验室条件进行合理选择。对未知抗原显示时，最好同时应用。冷冻切片为 IHC 研究所首选。

用于光镜的免疫组织化学染色的切片厚度一般要求 5 μm 左右，神经组织的研究要求切片厚度为 20~100 μm，有利于追踪神经纤维的走行。

一、冰冻切片

冰冻切片是免疫组织化学染色中最常用的一种切片方法。其最突出的优点是能够较完好地保存多种抗原的免疫活性，尤其是细胞及已固定的组织均可制作冰冻切片。

冰冻时，组织中水分易形成冰晶，往往影响抗原定位。一般认为冰晶少而大时，影响较少，冰晶小而多时，对组织结构损害较大，在含水量较多的组织中上述现象更易发生。冰晶的大小与其生长速率成正比，而与成核率（形成速率）成反比，即冰晶形成的数量愈多则愈小，对组织结构影响愈严重，应尽量降低冰晶的数量。Fish 认为冰冻开始时，冰晶成核率较低，以后逐渐增高，其临界温度为 -33 ℃。从 -30 ℃降至 -43 ℃，成核率急剧增加达 10^{18} 然后再减慢。基于上述理论，可考虑采取以下措施减少冰晶的形成：

1. 速冻　使组织温度骤降，缩短从 -33 ℃至 -43 ℃的时间，减少冰晶的形成。其方法有二：

（1）干冰-丙酮（乙醇）法：将 $150 \sim 200$ mL 丙酮（乙醇）装入小保温杯内，逐渐加入干冰直至饱和，再加干冰不再冒泡时，温度可达 -79 ℃，用一小烧杯（$50 \sim 100$ mL）装入异戊烷约 50 mL，再将烧杯缓慢置入干冰丙酮（纯乙醇）饱和液中，至异戊烷温度达到 -79 ℃时即可使用。将组织（大小为 1 cm×0.8 cm×0.5 cm）投入异戊烷内速冻 $30 \sim 60$ s 后取出，或置恒冷箱内以备切片，或置 -80 ℃冰箱内储存。

（2）液氮法：将组织块平放于软塑瓶盖或特制小盒内（直径约 2 cm），如组织块较小，可加适量 OCT 包埋剂浸没组织，然后将特制小盒缓缓平放入盛有液氮的小杯内，当盒底部接触液氮时即开始气化沸腾，此时小盒保持原位，切勿浸入液氮中，经 $10 \sim 20$ s 组织迅速结成冰块。取出组织冰块立即置入 -80 ℃冰箱内储存备用，或置入恒温箱切片机冰冻切片。

2. 将组织置于 $20\% \sim 30\%$ 蔗糖溶液 $1 \sim 3$ d，利用高渗吸收组织中水分，减少组织含水量。

影响冰冻切片的因素较多，技术难度较大，选择好的冰冻切片机是保证切片质量的关键。目前冰冻切片机有两类：

（1）恒温冰冻切片机：为较理想的冰冻切片机，型号很多，但其基本结构是将切片机置于−30 ℃的低温密闭室内，故切片时不受外界温度和环境影响，可连续切薄片至 2～4 μm，完全能满足免疫组织化学标记要求。切片时，低温室内温度以−25 ℃～−15 ℃为宜，温度过低组织易破碎，抗卷板的位置及角度要适当，载玻片贴附组织切片时，切勿上下移动。

（2）开放式冰冻切片机：包括半导体致冷切片机和甲醛致冷切片以及老式的 CO_2、氯乙烷等冰冻切片机。切片时暴露在空气中，温度不易控制，切片技术难度大，在高温季节，切片更加困难，且切片厚 8～15 μm，不易连续切片，但其优点是价廉，国内有生产。

冰冻切片后如不染色，必须吹干，储存于低温冰箱内，或短暂预固定后冰箱保存。

二、石蜡切片

石蜡切片的优点是组织结构保存良好，在病理和回顾性研究中有较大的实用价值，只能切连续薄片，组织结构清晰，抗原定位正确。用于免疫组织化学技术的石蜡切片制备与常规制片略有不同：①脱水、透明等过程应在 4 ℃下进行，以尽量减少组织抗原的损失。②组织块的大小应限于 2.0 cm×1.5 cm×0.2 cm，使组织充分脱水、透明、浸蜡。③浸蜡、包埋过程中，应保持在 60 ℃以下，以熔点低的软蜡最好（即低温石蜡包埋）。

组织块、透明、浸蜡时间见表 3 - 1。

表 3 - 1　组织块处理时间

	顺序	温度/℃	时间/h
1	70％乙醇	4	3～4
2	80％乙醇	4	3～4
3	90％乙醇	4	2～3
4	95％乙醇Ⅰ	4	1～2
5	95％乙醇Ⅱ	4	1～2
6	100％乙醇Ⅰ	4	1.5
7	100％乙醇Ⅱ	4	1.5
8	二甲苯Ⅰ	4	0.5～1
9	二甲苯Ⅱ	4	0.5～1
10	石 蜡Ⅰ	60	1
11	石 蜡Ⅱ	60	2

以上全过程为 18～24 h，也可在室温内使用自动脱水机代替。如组织直径小于 0.5 cm，可做快速石蜡包埋切片，全过程只需 4 h 左右。

石蜡切片为常规制片技术，切片机多为轮转式，切片厚度 2～7 μm，应用范围广，不影响抗体的穿透性，染色均匀一致。由于甲醛固定、有机溶剂对组织抗原有一定的损害及遮蔽，使抗原特征发生改变。有人报道经蛋白质消化，可以改善光镜免疫组织化学染色强度。常用的有胰蛋白酶、链酶蛋白酶及胃蛋白酶等消化法。石蜡切片应置 37 ℃恒温箱过夜，这样烤片可减少染色中脱片现象，切片如需长期储存，可存放于 4 ℃冰箱内储存备用。

　　石蜡切片优点较多，但在制作过程中要经过乙醇、二甲苯等有机溶剂处理，组织内抗原活性丢失较多，有人采取冰冻干燥包埋法，可以保持组织内可溶性物质，防止蛋白变性和酶的失活，从而减少了抗原的丢失。该法是将新鲜组织低温速冻，利用冰冻干燥机（freezing dryer）在真空、低温条件下排除组织内水分，然后用甲醛蒸气固定干燥的组织，最后将组织浸蜡、包埋、切片。此法可用于免疫荧光标记、免疫酶标记及放射自显影。

三、振动切片

　　用振动切片机可以把新鲜组织（不固定、不冰冻）切成 20～100 μm 厚片，以漂浮法在反应板进行免疫组织化学染色，然后在立体显微镜下检出免疫反应阳性部位，修整组织，进行后固定，最后按电镜样品制备、脱水、包埋、超薄片切片、染色观察等。组织不冰冻，无冰晶形成，无组织抗原破坏，在免疫组织化学染色前避免了组织脱水、透明、包埋等步骤对抗原的损害，能较好地保留组织内脂溶性物质和细胞膜抗原，主要用于显示神经抗原分布研究，这种包埋前染色，尤其适用于免疫电镜观察。

四、超薄切片

　　应用超薄切片机进行切片。

五、碳蜡切片

碳蜡学名聚乙烯二醇（polyethylene glycol，PEG），为水溶性蜡。根据其分子量不同，碳蜡有多种，如 400、800、1000、1500、4000、6000、8000、10000 等，用于组织包埋的有 1500、4000 两种，其熔点分别为 38 ℃和 52 ℃左右，常温下为固体石蜡状，加温熔化呈液状体。

本法的特点是组织固定水洗后，无须脱水透明即可直接浸蜡包埋，切片方法与常规石蜡切片相同。切下的组织片漂浮水里后自然展开，碳蜡迅速熔化，组织片即可展平，制片过程简便易行。

具体操作如下：组织块不宜过大，一般限定在 1.5 cm×1 cm×0.1 cm 以内。①组织固定后充分用水洗去除固定液，用滤纸吸干组织表面水分。②将组织浸入碳蜡（1500）内，45 ℃ 30 min。③再次浸入混合碳蜡液（1500 和 4000 等量混合液），52 ℃ 30 min。④浸入等量混合碳蜡液（或根据气温、湿度调整 1500 和 4000 混合比例，如气温湿度大可以按 4000：1500＝3：2 混合，反之，则 2：3 混合）。⑤用等量混合碳蜡或调整混合碳蜡包埋成组织蜡块。⑥切片与石蜡切片相同。在操作过程中，碳蜡组织块应尽量避免与水或冰接触，储存时应密封干燥冷藏。

本法优点是操作程序减少，时间缩短，组织不被有机溶剂损害，温度低，抗原性保存比石蜡切片好，组织结构清晰。缺点是夏季室温高时切片比较困难，连续切片不如石蜡切片顺利；由于碳蜡有强吸湿性，不易长期保存。

六、玻片处理和涂胶

在免疫组织化学染色过程中，由于各种原因常造成标本（细胞制片和组织切片）脱片现象，影响了染色质量和速度，一般采取以下两种方法防止脱片现象出现。

1. 载玻片和盖玻片处理　新载玻片上的油污，必须经过清洁液浸泡 12~24 h，流水充分漂洗后用蒸馏水清洗 5 遍以上，浸泡在 5% 乙醇内 2 h，用绸布擦干或用红外线烤箱烤干均可。储放于玻片盒内备用。盖玻片很薄，以上处理程序必须缩短，清洁液浸泡只须 2 h，流水冲洗，注意勿损伤玻片等。

2. 载玻片上涂黏附剂　黏附剂常用的有以下几种：①铬矾明胶，混合后即可涂片，置 37 ℃ 温箱烤干。②甲醛明胶，混合后即可涂片。③甘油明胶，混匀后涂在载玻片上，切片贴附后置于有甲醛的干燥器内，加热 80 ℃ 1 h。④APES 液，APES 即 3 -氨基丙基三乙氧基硅烷，加入丙酮，充分搅拌均匀备用。将清洁的载玻片放入 APES 液中 20~30 s 后，取出，用丙酮液洗去多余的 APES 液，注意不要留有气泡，晾干备用。经该方法处理的玻片具有良好的防脱片能力。⑤多聚赖氨酸液（多聚赖氨酸 0.1 g，加蒸馏水 10 mL），混合后即可涂片，此液宜适量配制。

第五节   免疫染色

可在细胞涂片或组织切片上进行免疫染色。一般程序是：①标记抗体与标本中抗原反应。②用 PBS 洗去未结合的成分。③直接观察结果（免疫荧光直接法），或显色后再用显微镜观察（免疫酶直接法）。在此基础上改进为间接法、多层法、双标记法等方法，其原理及操作程序已成规范，将在本书有关章节内详述。本章仅仅讨论免疫染色中改善染色效果的几个问题。

一、抗原修复

组织切片、细胞涂片在制作过程中，由于固定剂等化学试剂的作用封闭了抗原，又由于热的作用致使部分抗原的肽链发生扭曲，致使在免疫组织化学的染色过程中不能将其显示出来，抗体不能很好地结合，为了解决这个问题，利用化学试剂和热的作用将这些抗原重新暴露出来或修正过来的过程称为抗原修复。

至今为止，抗原修复有许多种方法，在这些方法中，有的是根据抗体的要求来进行，有的是根据抗原的表达程度来进行，但无论如何，必须进行抗原修复，以达到抗原全面表达的最佳状态。抗原修复主要有酶消化法和热修复法。

酶消化法使用的酶主要有胃蛋白酶、胰蛋白酶、链霉蛋白酶、无花果蛋白酶、菠萝蛋白酶等，其用法基本一样。酶消化法步骤：①切片脱蜡至水。②3％ H_2O_2 处理 10 min。③自来水洗，蒸馏水洗。④PBS 洗 3 次，1 min/次。⑤滴上自配的或商品化的酶液，处理切片 20 min 左右。⑥PBS 洗 3 次，2 min/次。⑦按选好的免疫组织化学染色方法进行染色。酶消化法主要是根据抗体的要求来进行的，否则都应用热修复法来进行。因为酶消化不适合于多数的抗体，效果也没有其他方法好，因此临床上较少使用。

　　抗原热修复法可根据实验室的具体条件，选用微波炉加热修复、高压锅加热修复或水浴高温加热修复。热修复可选用各种缓冲液，如 TBS、PBS、EDTA、重金属盐溶液等，不同抗原在不同缓冲液甚至是同种缓冲液不同 pH 值的条件下修复效果都会有差异，但大部分抗原以 0.01 mol/L 柠檬酸盐酸缓冲液（pH 6.0）作缓冲液修复效果最好。如某生物技术有限公司提供的柠檬酸盐酸缓冲液（粉剂），其配制方法为：取该粉剂一包溶于 2000 mL 的蒸馏水中，混匀，其 pH 为 6.0±0.1，如因蒸馏水本身造成的 pH 值偏差，可自行调整。

　　下面以石蜡切片为例，不同的热修复法操作步骤：

　　1. 切片脱蜡至水后，3％ H_2O_2 处理 10 min，蒸馏水洗 2 min×3 次。

　　2. 抗原热修复

　　（1）微波炉热修复操作方法：将切片放入盛有缓冲液（工作液）的容器中，置微波炉内加热使容器内液体温度保持在 92 ℃～98 ℃并持续 10～15 min（注意：无论是使用医用还是家用微波炉，务必满足以上步骤中对温度和时间的要求）。取出容器，冷却至室温（注意：不可将切片从缓冲液中取出冷却，以免使蛋白恢复原有的空间构型），取出切片。应用微波辐射，它有双重作用，微波辐射可以使各物质分子做极性运动，促进形成的醛键断裂。分子间运动所产生的瞬间热，当达到有效的温度后，就可导致甲醛固定后的蛋白变性。该法的特点是：产热迅速，容易操作，也容易引起抗原修复液的沸腾，使用微波炉时禁止使用金属器皿，以免失火或爆炸。

（2）高压锅热修复操作方法：在高压锅内倒入缓冲液（工作液），切片置于金属架上，放入锅内，确保切片组织位于液面以下，盖高压阀。当压力锅开始慢慢喷气时（加热5～6 min后），计时1～2 min，然后将压力锅端离热源，自然冷却排气后，取下气阀，打开锅盖，冷却至室温，取出切片。该法以高压和高热来促进醛键的断裂，当加热至开锅，加上高压阀后，锅内的温度可达120 ℃左右。该法被应用于一些较难修复的抗原，经过多次实验对比，显示此法比微波炉热修复法更好。建议使用电磁炉和不锈钢高压锅。

（3）电炉煮沸（水浴高温）热修复操作方法：切片放入盛有柠檬酸盐缓冲液（工作液）的容器中，并将此容器置于盛有一定量自来水的大容器中，电炉上加热煮沸，从小容器的温度到达92 ℃～98 ℃起开始计时15～20 min，然后端离电炉，冷却至室温，取出切片。该法应用水浴加热方法，效果不及前面两种方法，它需要较长时间的热作用，应用电炉温度不好控制，而且安全性较差，只在没有微波炉或高压锅时才选用这种方法。

3. 取出切片后，蒸馏水冲洗，PBS 洗 2 min×3 次，下接免疫组织化学染色步骤。

免疫组织化学染色步骤（以某生物技术有限公司 PV9000 试剂盒为例）：

（1）石蜡切片脱蜡至水。

（2）3% H_2O_2 室温孵育 10～20 min，以消除内源性过氧化物酶的活性。

（3）蒸馏水冲洗，PBS 浸泡 3 min×3 次（如需采用抗原修复，可在此步后进行）。

（4）滴加适当比例稀释的第一抗体或第一抗体工作液，37 ℃孵育 1～2 h 或 4 ℃过夜，第二天复温至常温（其他试剂盒如需用血清封闭，须在滴加第一抗体之前进行）。

（5）PBS 冲洗，5 min×3 次。

（6）滴加 Polymer helper（试剂 1），室温下孵育 20 min，PBS 液洗 3 次，每次 3 min，然后滴加酶第二抗体聚合物（试剂 2），室温下孵育 20～30 min，PBS 液洗 3 次，每次 3 min。

（7）显色剂显色（DAB 或 AEC）。

（8）自来水充分冲洗。

（9）复染，封片。

在免疫染色中应特别注意增强特异性染色，减少或消除非特异性染色。

二、增强特异性染色的方法

（一）合适的抗体稀释度

抗体的浓度是免疫染色的关键，如果抗体浓度过高，抗体分子显著多于抗原决定簇，可导致抗体结合减少，产生阴性结果。此阴性结果并不一定是缺少抗原，而是由于抗体过量。这种现象类似于凝集反应中的前带效应。因此，必须使用一系列稀释，作"棋盘式效价滴定"检测抗体的合适稀释度，以得到最大强度的特异性染色和最弱的背景染色。抗体稀释度应根据：①抗体效价高，溶液中特异性抗体浓度越高，工作稀释度越高。②抗体稀释度越大，孵育时间越长。③抗体中非特异性蛋白只有高稀释度时才能防止非特异性背景染色。④稀释用缓冲液的种类、标本的固定和处理过程等也影响稀释度。所以合适的稀释度应根据具体的情况而定。抗体的稀释主要是指第一抗体，因为第一抗体中特异性抗体合适的浓度是关键，应用高稀释度第一抗体仅显示高亲和力的特异性染色应用，减少或消除其中交叉抗体反应。

（二）孵育时间

大部分抗体孵育时间为 $30 \sim 60$ min，孵育的温度常用 37 ℃，也可在室温中进行，对抗原抗体反应强的以室温为佳。37 ℃可增强抗原抗体反应，适用于多数抗体染色，必要时可 4 ℃过夜（约 12 h，过夜的抗体孵育须在室温条件下复温）。但应注意的是：抗体孵育都必须在湿盒中进行，防止切片干燥而导致失败。

（三）多层染色法

对弱的抗原可用直接法（双层）、PAP 或 ABC 法（三层）、四层或五层 PAP 和 ABC 法（三层）、四或五层 PAP 法或 ABC 法，或 PAP 和 ABC 联合染色法等，可有效提高敏感性，获得良好结果。

（四）显色增敏剂的应用

如在过氧化物酶底物中加入氯化镍，可提高 4 倍显色敏感度。

三、减少或消除非特异性染色的方法

组织中非抗原抗体反应出现的阳性染色称为非特异性背景染色，最常见的原因是蛋白吸附于高电荷胶原和结缔组织成分上。最有效的消除方法是在用第一抗体之前用制备第二抗体动物种属的非免疫血清（1∶5～1∶20）封闭组织上带电荷基团，除去与第一抗体的非特异性结合。必要时可加入 2%～5%牛血清白蛋白，可进一步减少非特异性染色。作用时间为 10～20 min。也可用除制备第一抗体以外的其他动物血清（非免疫的）。明显溶血的血清不能用，以免产生非特异性染色。免疫荧光染色时，可用 0.01%伊文蓝（PBS 溶液）稀释荧光抗体，对消除背景的非特异性荧光有很好的效果。而使用特异性高、效价高的第一抗体是最重要的条件。洗涤用的缓冲液中加入 0.85%～1% NaCl 成为高盐溶液，充分洗涤切片，能有效地减少非特异性结合而降低背景染色。

四、显色反应的控制

免疫酶染色应注意控制：①成色剂浓度和显色时间应适当调节，增加成色质量和（或）增加底物显色时间，以增加反应产物强度。着色太深可减少显色反应时间。②过氧化物酶显色时，H_2O_2 浓度过高将使显色反应过快而致背景加深；过量 H_2O_2 可能抑制酶的活性。

五、复染

根据所用的染色方法和呈现颜色等，可选用适当的复染方法。如阳性结果呈棕色或红色，则用苏木素将细胞核染成蓝色，以便定位检测。也可用 1%～2%甲基绿复染。

第六节　对照设置

其目的在于证明和肯定阳性结果的特异性，排除非特异性疑问。主要是针对第一抗体对照，常用的对照方法包括：①阳性对照。②阴性对照。③阻断实验。④替代对照。⑤空白对照。⑥自身对照。⑦吸收实验。

一、阳性对照

用已知抗原性的切片与待检标本同时进行免疫组织化学染色，对照切片应呈阳性结果，称为阳性对照。证明全过程均符合要求，尤其当待检标本呈阴性结果时，阳性对照尤为重要。

二、阴性对照

用确证不含已知抗原的标本作对照，应呈阴性结果，称阴性对照，是阴性对照的一种。其空白、替代、吸收和抑制实验都属阴性对照。当待检标本呈阳性结果时，阴性对照就更加重要，用以排除假阳性。

第七节　免疫组织化学结果的判断

对免疫组织化学结果的判断应持科学审慎的态度。要准确判断阳性或阴性，排除假阳性和假阴性结果，必须严格对照实验，对新发现的阳性结果，应进行多次重复实验，要求用几种方法进行验证，如用 PAP 法阳性，可再用 ABC 法验证。必须学会判断特异性染色和非特异性染色，对初学者更为重要，否则会得出错误的结论。特异性染色和非特异性染色的鉴别点主要是在于特异性反应产物，其常分布于特定的部位，如细胞质内，或在细胞核和细胞表面，即具有结构性。特异性染色表现在同一张切片上呈现不同程度的阳性染色结果。非特异性染色表现为无一定的分布规律，常为某一部位成片的均匀着色，或结缔组织呈现很强的染色。非特异性染色常出现在干燥切片的边缘，有痕或组织折叠的部位。在过大的组织块，中心固定不良也会导致非特异性染色。有时可见非特异性染色与特异性染色同时存在，过强的非特异性染色背景不但影响对特异性染色结果的观察和记录，而且令人对其特异性结果产生怀疑。

一、阳性细胞的染色特征

免疫组织化学的显色深浅在一定程度上可反映抗原存在的数量，可作为定性、定位和半定量的依据。

1. 阳性细胞染色分布类型　①细胞质。②细胞核。③细胞膜表面。大部分抗原见于细胞质，可见于整个细胞质或部分细胞质。

2. 阳性细胞分布可分为局灶性和弥漫性。

3. 由于细胞内含抗原量不同，所以染色强度不一。如果细胞之间染色强度相同，常提示其反应为非特异性。

4. 阳性细胞染色定位于细胞，且与阴性细胞相互交叉分布；而非特异性染色常不限于单个细胞，常累及一片细胞。

5. 切片边缘、刀痕或皱褶区域，坏死或挤压的细胞区，胶原结缔组织等，常表现为相同的阳性染色强度，不能用于判断阳性。

二、染色失败的常见原因

1. 所染的全部切片均为阴性结果　包括阳性对照在内，全部呈阴性反应，原因可能是：①染色未严格按照操作步骤进行。②漏加某种抗体，或抗体失效。③缓冲液内含叠氮化钠，抑制了酶的和性。④底物中所加 H_2O_2 量少或失效。⑤复染或脱水剂使用不当。

2. 所有切片均为弱阳性反应 ①切片在染色过程中抗体过浓，或干燥。②缓冲液配制中未加氯化钠和 pH 不准确，洗涤不彻底。③使用已变色的显色底物溶液，或显色反应时间过长。④抗体孵育的时间过长。⑤H_2O_2 浓度过高，显色速度过快。⑥黏附剂太厚。

3. 所有切片背景过深 ①未用酶消化处理切片。②切片或涂片过厚。③漂洗不够。④底物显色反应过久。⑤蛋白质封闭不够或所用血清溶血。⑥使用全血清抗体稀释不够。

4. 阳性对照染色良好，检测的阳性标本呈阴性反应，固定和处理不当是最常见的原因。

对于阳性结果的定量判断常规方法是根据显色深浅和阳性细胞数量分类计数，以（－）、（＋）、（＋＋）、（＋＋＋）等计数统计。现在已采用图像分析计量，有关形态定量方法、流式细胞光度技术等。

（厉　浩　曹丽君）

参考文献

[1] 李甘地. 组织病理技术 [M]. 北京：人民卫生出版社，2002.

[2] 王晓秋. 免疫组织化学染色前抗原修复方法的合理选择 [J]. 临床与实验病理学杂志，2006，22（3）：367-368.

[3] 许良中，杨文涛. 免疫组织化学反应结果的判断标准 [J]. 中国癌症杂志，1996（4）：229-231.

[4] WERNER M, CHOTT A, FABIANO A, et al. Effect of formalin

tissue fixation and processing on immunohistochemistry ［J］. Am J Surg

PathoI，2000，24 (7)：1016－1019.

［5］周小鸽，刘勇. 组织学技术的理论与实践 ［M］. 北京：北京大学医学出

版社，2010.

第四章　免疫组织化学与细胞化学技术

　　应用化学、物理、生物化学、免疫学或分子生物学的原理，通过化学反应使标记抗体的显色剂（荧光素、酶、金属离子、同位素）显色来确定组织细胞内抗原（多肽和蛋白质），对其进行定位、定性及定量的研究，称为免疫组织化学技术（imunohistochemistry，IHC）或免疫细胞化学技术（immuno-cytochemistry，ICC）。免疫细胞化学技术是将形态和功能相结合的细胞科学。它是在保持完整的细胞形态和细胞结构的前提下，通过使用抗原抗体特异性结合反应以及运用化学反应将被检细胞内的各类化学成分和细胞结构及生理活性物质原位地显示，提供了一种半定量的方法来分析靶抗原的相对丰度、构象和亚细胞定位，因而对于探索化学成分、生理功能、新陈代谢及细胞生理和病理改变有着重要的意义。研究样本通常是培养的细胞系、原代细胞，或者从病人和动物身上获得的悬浮细胞，包括细胞爬片、血液涂片、拭子和抽取物等，也可以是组织切片或者培养的细胞和组织。根据标记物的不同，免疫细胞化学技术可分为免疫荧光细胞化学技术、免疫酶细胞化学技术、免疫胶体金-银和胶体铁标记技术、亲和免疫细胞化学技术及凝集素免疫细胞化学技术等。不同的免疫细胞化学技术，各有其独特的检测试剂和方法，但其基本技术方法相似，大都包括抗体的制备、组织材料的处理、免疫染色、对照试验和显微镜观察等步骤。

第一节　免疫荧光技术

一、免疫荧光法的原理

免疫荧光法（immunofluorescence，IF）是一项建立在免疫学和荧光检测技术基础上的实验技术，是近代免疫学的一种重要研究手段。用免疫荧光技术显示和检查细胞或组织内抗原或半抗原物质等方法称为免疫荧光细胞或组织化学技术。根据抗原抗体反应的原理，先将已知的抗原或抗体标记上荧光素，再用这种荧光抗体（或抗原）作为探针检查细胞或组织内的相应抗原（或抗体）。在细胞或组织中形成的抗原抗体复合物上含有标记的荧光素，荧光素受激发光的照射，由低能态进入高能态，而高能态的电子是不稳定的，以辐射光量子的形式释放能量后，再回到原来的低能态，这时发出明亮的荧光（黄绿色或橘红色），利用荧光显微镜可以显示荧光所在的细胞或组织，从而确定抗原或抗体的性质和定位，以及利用定量技术测定含量。用荧光抗体示踪或检查相应抗原的方法称荧光抗体法；用已知的荧光抗原标记物示踪或检查相应抗体的方法称荧光抗原法。这两种方法总称免疫荧光技术，以荧光抗体方法较常用。免疫荧光组织细胞化学分为直接法、间接法和补体法等。

（一）荧光素

荧光是指一个分子或原子吸收了给予的能量后即刻引起发光，停止能量供给，发光也瞬时停止（一般持续 $10^{-7} \sim 10^{-8}$ s）。可以产生明亮荧光的染料物质，称荧光色素。目前常用的荧光色素有：

1. 异硫氰酸荧光素（fluorescein isothiocyanate，FITC）FITC 是一种黄色粉末，性质稳定，在室温下能保存 2 年以上，在低温中可保存多年。易溶于水和乙醇。最大吸收光谱为 490～495 nm，最大发射光谱为 520～530 nm，呈现黄绿色荧光，分子量为 3894（图 4 - 1）。

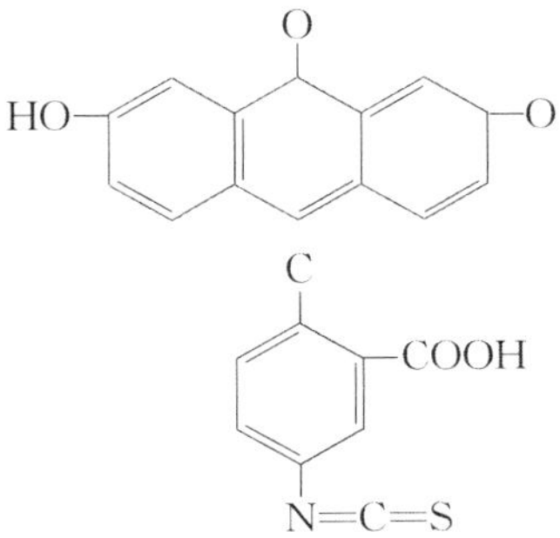

图 4 - 1　FITC 的分子结构式

在碱性条件下，FITC 的异硫氰酸基在水溶液中与免疫球蛋白的自由氨基经碳酰胺化而形成硫碳氨基键结合，成为标记荧光免疫球蛋白，即荧光抗体。一个 IgG 分子上最多能标记 15～20 个 FITC 分子。

2. 四乙基罗达明（tetraethylrodamine B200，RB200）RB200 是一种褐红色粉末，不溶于水，易溶于乙醇和丙酮，性质稳定，可长期保存。最大吸收光谱为 570 nm，最大发射光谱为 595～600 nm，呈明亮橙红色荧光，分子量为 580（图 4 - 2）。

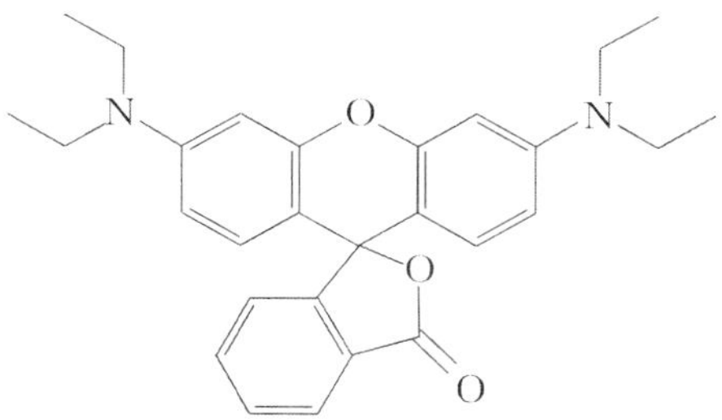

图 4 - 2　RB200 的分子结构式

RB200 在五氯化磷（PCl₅）作用下转变成磺酰氯（SO₂Cl），在碱性条件下易与蛋白质的赖氨酸 ε-氨基反应结合而标记在蛋白分子上。

3. 四甲基异硫氰酸罗达明（tetramethyl rhodamine iso-thiocyanate，TMRITC）　TMRITC 是一种紫红色粉末，较稳定。其最大吸收光谱为 550 nm，最大发射光谱 620 nm，呈橙红色荧光，与 FITC 的黄绿色荧光对比清晰，与蛋白质结合方式同 FITC。它可用于双标记示踪研究。

4. 得克萨斯红（Texas red）　是一种褐色粉末，易溶于有机溶剂，性质稳定，在 4 ℃下能保存 2 年以上，最大吸收光谱为 590～595 nm，最大发射光谱为 620～630 nm，共有 4 种结构，常用的分子量为 625.15（图 4 - 3）。

5. 其他荧光素　如 4 -乙酰胺- 4 -异硫氰酸- 2 -硫酸芪（SITS）和 7 -氨基甲基香豆素（AMC）呈蓝色荧光；藻红素 R（phycoerythrin-R）；花青（cyanine，Cy2，Cy3，Cy5，Cy7）等。

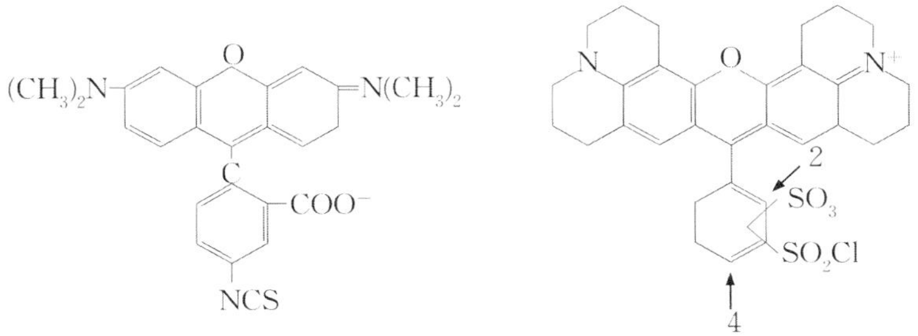

图 4-3　TMRITC 和 Texas red 的分子结构式

（二）免疫荧光组织细胞化学检测方法

1. 直接法　直接法是以荧光标记抗体直接与被检标本内的抗原反应。依据荧光出现的位置及强弱对被检细胞做出判别。该法的优点为简单特异，但其缺点也很明显，即敏感性较低，且需制备大量特异性的荧光抗体。

（1）检查抗原方法：这是最简便及快速的方法，用已知特异性抗体与荧光素结合，制成特异性荧光抗体，直接用于细胞或组织抗原的检查。此法特异性强，常用于肾穿刺、皮肤活检和病原体检查，其缺点是一种荧光抗体只能检查一种抗原，敏感性较差。

（2）查抗体方法：将抗原标记上荧光素，用此荧光抗原与细胞或组织内相应抗体反应，而将抗体在原位检测出来。

2. 间接法　采用抗球蛋白试验原理，先制成荧光素标记抗体（简称荧光抗体）。检测中先将特异性抗体与被检标本作用一定时间后，充分洗去未结合的游离特异性抗体，然后添加荧光素标记抗抗体使之形成被检抗原-抗体-荧光素标记抗抗体复合物，由此显示特异荧光，因复合物上带有较多荧光标志物，所以其敏感性比直接法要高。

（1）检查抗体方法（夹心法）：此法是先用特异性抗原与细胞或组织内抗体反应，再用此抗原的特异性荧光抗体与结合在细胞内抗体上的抗原相结合，抗原夹在细胞抗体与荧光抗体之间，故称夹心法。

（2）检查抗体方法：用已知抗原细胞或组织切片，加上待检血清，如果血清含有切片中某种抗原的抗体，抗体结合在抗原上，再用间接荧光抗体（抗种属特异性 IgG 荧光抗体）与结合在抗原上的抗体反应，在荧光显微镜下可见抗原抗体反应部位呈现明亮的特异性荧光。此法是检验血清中自身抗体和多种病原体抗体的重要手段。

（3）检查抗原法：此法是直接法的重要改进，是目前应用最广泛的技术。先用特异性抗体与细胞标本反应，随后用磷酸缓冲洗去除未与抗原结合的抗体，再用间接荧光抗体与结合在抗原上的抗体结合，形成抗原-抗体-荧光抗体的复合物。同直接法相比，荧光亮度可增强 3 或 4 倍。此法灵敏性高，且只需要制备一种种属间接荧光抗体，可以适用于同一种属产生的多种第一抗体的标记显示。

3. 补体法　这是一种间接法的改良。即在抗原抗体反应时加入补体，然后再与荧光素标记的抗补体抗体结合形成抗原-抗体-抗补体荧光抗体复合物。此法敏感性较高。但其较易出现非特异性染色，而且操作过程相对较复杂。

（1）直接检查组织内免疫复合物方法：用抗补体 C3 荧光抗体直接作用组织切片，与其中结合在抗原抗体复合物上的补体反应，而形成抗原-抗体-补体-抗补体荧光抗体复合物，在荧光显微镜下呈现阳性荧光的部位就是免疫复合物上补体存在处，此法常用于肾穿刺组织活检诊断等。

（2）间接检查组织内抗原方法：常将新鲜补体与第一抗体混合同时加在抗原标本切片上，经 37 ℃孵育后，如发生抗原抗体反应，补体就结合在此复合物上，再用抗补体荧光抗体与结合的补体反应，形成抗原-抗体-补体-荧光抗体的复合物。此法优点是只需一种荧光抗体，可适用于各种不同种属来源的第一抗体的检查。

4. 双重免疫荧光组织化学标记方法　运用两种荧光素在不同的激发光下显示不同颜色的特点，将不同荧光素分别标记所需的特异性抗体。可在同一标本上测定不同的抗原。此法既可采用直接法也可用间接法。若分别采用兔源性和鼠源性等不同种属的抗体，甚至可进行三重或多重标记法。

（三）对照实验

为了保证免疫荧光组织化学染色的准确性，排除某些非特异性染色，必须在初次实验时进行以下对照实验：

1. 直接法

（1）标本自发荧光对照：标本只加 PBS 或缓冲甘油封片，荧光显微镜观察组织内如果有荧光，称为自发荧光。

（2）抑制实验：可分为一步抑制方法和二步抑制方法。

一步抑制方法：先将荧光抗体与过量未标记特异性抗体作等量混合，再加在标本上染色，结果应为阴性。

二步抑制方法：标本先加未标记的特异性抗体水洗后再加

标记荧光抗体，结果应呈阴性或明显减弱的荧光。

（3）阳性对照：用已知阳性标本做直接法免疫荧光组织化学染色，结果应呈阳性荧光。

结果：如对照标本（1）和抑制实验（2）无荧光或弱荧光，待检查标本 3 呈强荧光即为特异性阳性荧光。

2. 间接法

（1）自发荧光对照：同直接法。

（2）荧光抗体对照：标本只加间接荧光抗体染色，结果阴性。

（3）抑制实验：同直接法。

（4）阳性对照：同直接法。

结果：如对照（1）（2）（3）均呈阴性，阳性对照和待检标本呈阳性荧光则为特异性荧光。

3. 补体法

（1）自发荧光对照：同直接法。

（2）荧光抗体对照：同直接法。

（3）抑制实验：同直接法。

（4）补体对照：取新鲜豚鼠血清 1∶10 稀释先作用于标本，洗涤后再用抗补体荧光抗体染色，结果阴性。

（5）抑制实验：标本加灭活的第一抗体，再加 1∶10 稀释的新鲜豚鼠血清孵育后，再加未标记的抗补体血清与抗补体荧光抗体等量混合稀释液，结果应为阴性。

（6）阳性对照：同直接法。

（1）～（5）结果阴性，（6）和待检标本阳性时，则为特异性荧光。

二、免疫荧光组织化学的染色方法

（一）标本制作

组织材料的处理是获得良好免疫组织化学结果的前提，必须保证待检测的细胞或组织取材新鲜，固定及时，形态保存完好，抗原物质的抗原性不丢失、不扩散和不被破坏。一般使用冰冻切片或细胞涂片，以冷丙酮固定。

（二）荧光抗体染色方法

1. 直接法

（1）染色：切片固定后，滴加稀释至染色效价如 1∶8 或 1∶16 的荧光抗体，在室温或 37 ℃染色 30 min，切片置入能保持潮湿的染色盒内，防止干燥。

（2）洗片：倾去荧光抗体，将切片浸入 pH 7.2 PBS 中洗 2 次，电磁振动，每次 5 min，再用蒸馏水洗 1 min，除去盐结晶。

（3）50％缓冲液（0.5 mol/L 碳酸盐缓冲液，pH 9.0～9.5）甘油封片，镜检。

直接法比较简单，适合做细菌、螺旋体、原虫、真菌及浓度较高的蛋白质抗原如肾、皮肤的检查和研究。此法每种荧光抗体只能检查一种相应的抗原，特异性高而敏感性较低。

2. 间接法（双层法）

（1）切片固定后用毛细滴管吸取经适当稀释的免疫血清，滴加在其上，置于染色盒中保持一定的湿度，37 ℃，30 min。

　　然后用 0.01 mol/L pH 7.2 的 PBS 洗 2 次，10 min/次，用吸水纸吸去多余的液体。

　　（2）滴加间接荧光抗体（如兔抗人 γ-球蛋白荧光抗体等），步骤同上，染色 30 min，37 ℃，缓冲盐水洗 2 次，每次 10 min，振动，缓冲甘油封片，镜检。

　　3. 间接法（夹心法）

　　（1）切片或涂片固定后，置于染色湿盒内。

　　（2）滴加未标记的特异性抗原作切片，37 ℃，30 min。

　　（3）缓冲盐水洗 2 次，每次 5 min，吹干。

　　（4）滴加特异性荧光抗体在切片上 37 ℃，30 min。

　　（5）同（3）水洗。

　　（6）缓冲甘油封固，镜检。

　　4. 补体法

　　（1）材料和试剂：

　　1）免疫血清 60 ℃灭活 20 min，用 Kolmers 盐水作 2 倍稀释成 1∶2，1∶4，1∶8……补体用 1∶10 稀释的新鲜豚鼠血清、抗补体荧光抗体等，按下述的补体法染色。免疫血清补体结合的效价如为 1∶32，则免疫血清应用 1∶8 稀释。

　　2）补体用新鲜豚鼠血清，一般作 1∶10 稀释或按补体结合反应试管法所测定的结果，按 2 U 的比例，用 Kolmers 盐水稀释备用。Kolmers 盐水配法：即在 pH 7.4 的 0.1 mol/L PBS 中溶解 $MgSO_4$，其浓度为 0.01%。

　　3）抗补体荧光抗体：在免疫血清效价为 1∶4，补体为 2 U 的条件下，用补体染色法测定免疫豚鼠球蛋白荧光抗体的染色效价，然后按染色效价 1∶4 的浓度，用 Kolmers 盐水稀释备用。

（2）方法步骤：①涂片或冰冻切片用冷丙酮 10 min 固定和 PBS 洗 1 次，3 min，吹至组织表面无水分。②吸取经适当稀释的免疫血清及补体的等量混合液（此时免疫血清及补体又都各稀释 1 倍）滴于切片上，37 ℃作用 30 min，置于保持一定湿度的染色盒内。③用缓冲盐水洗 2 次，搅拌或振动，每次 5 min，吸干标本周围水分。④滴加适当稀释的抗补体荧光抗体 37 ℃，30 min，水洗同③。⑤蒸馏水洗 1 min，缓冲甘油封片。

5. 膜抗原荧光抗体染色方法　本法应用直接法或间接法的原理和步骤，可对活细胞在试管内进行染色，常用于 T 细胞、B 细胞、细胞培养物、瘤细胞抗原和受体等的研究，阳性荧光主要在细胞膜上。流式细胞荧光分选技术（fluorescence activated cell sorting，FACS）即采用此原理和方法。

6. 双重染色方法　在同一标本上有两种抗原需要同时显示（如 A 抗原和 B 抗原），A 抗原的抗体用 FITC 标记，B 抗原的抗体用罗达明标记，可采用以下染色方法。

（1）一步双染色方法：先将两种标记抗体按适当比例混合（A+B），按直接方法进行染色。

（2）二步双染色方法：先用 RB200 标记的 B 抗体染色，不必洗去，再用 FITC 标记的 A 抗体染色，按间接法进行。

结果：A 抗原阳性呈现绿色荧光，B 抗原阳性呈现橘红色荧光。

（三）荧光抗原染色方法

某些抗原可以用荧光素标记，制成荧光抗原，标记荧光素的方法与制备荧光抗体方法相同。用荧光抗原可以直接检查细胞或组织内的相应抗体，特异性较好，敏感性较差。染色方法同荧光抗体染色的直接方法。由于多数抗原难以提纯或量少且昂贵，一般很少采用此法。

三、荧光显微镜检查方法

（一）荧光显微镜特点

荧光显微镜是免疫荧光组织化学的基本工具，分透射和落射两种类型，落射光无须镜内操作，方便，效果更好。它由超高压光源、滤板系统（包括激发和压制滤板）和光学系统等主要部件组成，利用一定波长的光激发标本发射荧光，通过物镜和目镜系统放大以观察标本的荧光图像。

（二）荧光显微镜标本制作要求

1. 载玻片　载玻片厚度应为 0.8～1.2 mm，太厚的玻片，一方面光吸收多，另一方面不能使激发光在标本上聚焦。载玻片必须光洁，厚度均匀，无明显自发荧光。有时需用石英玻璃载玻片。

2. 盖玻片　盖玻片厚度在 0.17 mm 左右，光洁。为了加强激发光，也可用干涉盖玻片，这是一种特制的表面镀有若干层对不同波长的光起不同干涉作用的物质（如氟化镁）的盖玻片，它可以使荧光顺利通过，而反射激发光，这种反射的激发光又可激发标本。

3. 标本　组织切片或其他标本不能太厚，如太厚则激发光将消耗大部分在标本下部，而物镜直接观察到的上部不能充分被激发。另外，细胞重叠或杂质掩盖，导致背景非特异染色引起的荧光将影响判断。

4. 封固剂　封固剂常用甘油，必须无自发荧光，无色透明，荧光的亮度在 pH 8.5～9.5 时较充足，不易很快褪去。所以，常用甘油和 0.5 mol/L，pH 9.0～9.5 碳酸盐缓冲液的等量混合液作封固剂。如果用抗褪色剂封固荧光染色标本更有利于显微摄影。配方是将 P-次苯基二胺二氢氯 100 mg 加入 10 mL PBS 中，调 pH 9.0～9.5，再加入甘油 90 mL，混匀，在室温放置过夜，待其中小气泡完全消失即可使用。

5. 镜油　一般暗视野荧光显微镜和用油镜观察标本时，必须使用镜油，最好使用特制的无荧光镜油，可用甘油代替，液状石蜡也可用，但折光率较低，对图像质量略有影响。对落射光荧光显微镜 BX60，Nikon E-1000 无须镜油。

（三）使用荧光显微镜注意事项

1. 严格按照荧光显微镜出厂说明书要求进行操作，不能随意改变程序。

2. 应在暗室中进行检查。进入暗室后，接上电源，点燃超高压汞灯 5～15 min，待光源发出强光稳定后，眼睛完全适应暗室，再开始观察标本。

3. 防止紫外线对眼睛的损害。在调整光源时应戴上防护眼镜。

4. 检查时间每次以 1～2 h 为宜，超过 90 min，超高压汞灯发光强度逐渐下降，荧光减弱；标本受紫外线照射 3～5 min 后，荧光也明显减弱或褪色；所以最多不得超过 2～3 h。

5. 荧光显微镜光源寿命有限，标本应集中检查，以节省时间，保护光源。天热时，应加电扇散热降温，新换灯泡应重新开始记录使用时间。灯熄灭后欲再启用时，必须待灯光充分冷却后才能点燃。一天中应避免数次点燃光源。

6. 标本染色后立即观察，因时间久了荧光会逐渐减弱。若将标本放在聚乙烯塑料袋中 4 ℃下保存，可延缓荧光减弱时间，防止封固剂蒸发。

7. 光亮度的判断标准　一般为四级，即"－"，无或可见微弱自发荧光；"＋"，仅能见明确可见的荧光；"＋＋"，可见有明亮的荧光；"＋＋＋"，可见耀眼的荧光。

（四）荧光图像的记录方法

荧光显微镜所看到的荧光图像，一是具有形态学特征，二是具有荧光的颜色和亮度。在判断结果时，必须将两者结合起来综合判断。结果记录根据主观指标，即凭工作者目力观察作为一般定性观察，基本上是可靠的。随着科学技术的发展，可采用细胞分光光度计、流式细胞仪、激光共聚焦显微镜和图像分析仪等仪器。但这些仪器记录的结果，也必须结合主观的判断。

荧光显微镜摄影技术对于记录荧光图像十分必要，由于荧光很易减弱褪色，要及时摄影记录结果。方法与普通显微镜摄影技术基本相同。只是需要采用高速感光胶片如 ASA 200 以上或 240 以上。因紫外光对荧光碎灭作用大，如 FITC 的标记物，在紫外光下照射 30 s，荧光亮度就有降低，故有的荧光强度不够，曝光速度太慢时，只能靠人工掌握曝光时间，将荧光图像拍摄下来。研究型荧光显微镜都有半自动或全自动显微数码相机摄影系统装置，如某公司 2001 年在我国推出了全自动荧光显微镜，配备有 Cool、CCD 与计算机连接将图像采集在软盘上，再与彩色打印机连接直接打印照片。

四、非特异性染色的消除方法

（一）主要因素

组织的非特异性染色的机制很复杂，其产生的原因主要可分以下几点：

1. 一部分荧光素未与抗体结合，形成了聚合物或衍化物，而不能被透析除去引起非特异性染色。

2. 抗体以外的血清蛋白与荧光素结合形成荧光素脲蛋白，可与组织成分非特异结合。

3. 除去检查的抗原以外，组织中还可能存在类属抗原（如福斯曼抗原），可与组织中特异性抗原以外的相应抗原结合。

4. 从组织中难以提纯抗原性物质，所以制备的免疫血清中往往混杂一些抗其他组织成分的抗体，以致容易混淆。

5. 抗体分子上标记的荧光素分子太多，这种过量标记的抗体分子带过多的阴离子，可吸附于正常组织上而呈现非特异性染色。

6. 荧光素不纯，标本固定不当等。

（二）消除非特异染色的方法

消除荧光抗体非特异性染色的方法应根据产生的原因采取相应的方法，常用的方法有以下几种：

1. 透析法　荧光素如 FITC 分子可以通过半透膜，而蛋白质大分子不能透过，可通过以下操作将未与蛋白质结合的荧光素透析去除。

（1）将标记完毕的荧光抗体液装入一透析袋或玻璃纸袋内，液面稍留空隙，紧扎。

（2）浸入 0.01 mol/L pH 7.2 的 PBS 中（悬于大于标记物体积 50～100 倍的 PBS 内），在 4 ℃中透析，每天更换 3～4 次 PBS，透析液中无荧光即可（在荧光光源照射下）。

2. 葡聚糖凝胶 G - 50 柱层析法　除去游离荧光素可用葡聚糖凝胶 G - 25 或 G - 60 柱层析方法，加入荧光抗体 15～18 mL（按体积的 5%～10% 加样），使其缓慢渗入柱内，待即将入柱时，加入 PBS 少许，关闭下口，停留 30～40 min，使游离荧光素充分进入分子筛孔中，然后再接通洗脱瓶开始滴入洗脱液。加入洗脱液一定量后，荧光抗体即向下移行，逐渐与存留于上端的游离荧光素之间拉开明显的距离界线，随着大量洗脱液的不断加入，两者分离距离越来越大，荧光抗体最先流出，分前、中、后三部分，收集中间部分，测 F/P 比值，合格者浓缩，分装。如仅用小量荧光抗体，可用 1 cm×20 cm 的层析柱，取 2g Sephadex G - 50 装柱，即可过滤 2～3.5 mL 荧光抗体。

3. 荧光抗体稀释法　先测定荧光抗体的特异性染色与非

特异性染色效价，若两者效价相差较大，则可将荧光抗体稀释至临界浓度，使特异性染色呈阳性，而使非特异性染色保持阴性，稀释方法和染色效价测定方法相同。

4. 纯化抗原方法　用各种方法提纯单一成分的抗原是产生单价特异性抗体的最主要条件。现代免疫化学技术（免疫吸收法）和柱层析法等为其提供了很大的可能性。

5. 伊文蓝衬染色方法　用 0.01％伊文蓝的 0.01 mol/L pH 7.2 PBS 溶液稀释荧光抗体，可将背景细胞和组织染色呈红色荧光，与特异性黄绿色荧光形成鲜明的对比，减少了非特异性荧光，宜作常规应用。伊文蓝一般配成 1％溶液，保存于 4 ℃，用前再稀释至 0.01％用以稀释荧光抗体。

此外，还可以用胰蛋白酶消化组织切片或用 10％牛血清蛋白封闭法等消除非特异性染色，提高染色的特异性。

第二节　免疫酶组织化学技术

免疫酶细胞化学技术是将抗原-抗体反应的特异性与酶的高效、快速催化作用彼此结合，由此形成一种既具有免疫荧光及放射免疫的优点，又避免了其缺点的技术。这项技术的原理和操作与荧光法有许多相似之处，所不同的是用酶来替代荧光素作为标志物，并采用底物被酶分解后的显色反应来显示抗原抗体的结合与否。选用的标记酶有辣根过氧化物酶（HRP）、碱性磷酸酶（AKP）、葡萄糖氧化酶（GOD）、β-D半乳糖苷酶（β-D-Gal）等。常用的方法有直接法、间接法、抗体-桥联法、过氧化物酶-抗-过氧化物酶复合物法（PAP 法）及抗生物素蛋白-生物素-过氧化物酶复合物法（ABC 法）等。在组织细胞相关抗原检测中通常使用 PAP 法和 ABC 法。

一、酶标抗体法

（一）酶标抗体的制备

1. 用于酶标的交联剂　戊二醛是最常用的交联剂，其主要机制是：戊二醛的一个醛基与酶蛋白的赖氨酸结合，另一个醛基与抗体上的氨基结合，将酶与抗体连接在一起。其他的交联剂还有 P，P-二氟- m，m-二硝基苯砜（FNPS）和 N-羟基丁二酰酯（malei nmide）。

2. 酶标方法　以 HRP 为例，介绍两种戊二醛交联法。

方法一：

（1）将 5 mg 抗体溶于 1 mL 0.1 mol/L pH 6.8 PBS 中。

（2）加入 12 mg HRP（Ⅳ型），充分溶解。

（3）在室温下滴加 0.5 mL 1％戊二醛水溶液，边加边搅拌。

（4）室温静置 2 h。

（5）将混合液放入透析袋内，在 0.1 mol/L pH 7.4 PBS 中，4 ℃透析过夜。

（6）用 Sephadex G200 柱分离结合物。柱预先用乙基汞化硫代水杨酸钠缓冲液平衡，洗脱流速为 20 mL/h，收集洗脱液，测 280 nm 和 403 nm OD 值，将含结合物的各管合并。

方法二：

（1）将 10 mL HRP 溶解在 0.2 mL 1.25％戊二醛（用 0.1 mol/L pH 6.8 PBS 配制），室温静置 18 h。

（2）反应后溶液经 Sephadex G-25（40 cm×2 cm）过滤，分段收集洗脱液，将含有棕色的各管合并。

（3）将合并液用超滤膜浓缩到 1 mL。

（4）将 5 mg 抗体溶于 1 mL 0.15 mol/L 生理盐水，加入上述浓缩液中。

（5）加 0.1 mL 1 mol/L pH 9.5 碳酸盐缓冲液，4 ℃放置 24 h。

（6）加 0.1 mL 0.2 mol/L 甘氨酸溶液，放置 2 h。

（7）在 4 ℃ PBS 中透析。

（8）纯化，保存备用。

（二）染色步骤

1. 直接法

（1）石蜡切片按免疫组织化学常规处理，PBS 洗 5～10 min。

（2）0.3％ H_2O_2-甲醇，室温，10～30 min（封闭内源性过氧化物酶）。

（3）必要时可用 0.1％胰蛋白酶消化，37 ℃，10～30 min，PBS 洗。

（4）10％正常羊血清（产生第二抗体的动物的血清），室温，15 min（以防止非特异性的第二抗体的结合）。

（5）滴加适当稀释的酶标第一抗体，在湿盒中，室温或

37 ℃，30～60 mim。

（6）PBS 洗 3 次，每次 5 min，0.05 mol/L Tis-HCl 缓冲液洗 5 min。

（7）加酶的底物溶液，孵育 5～10 min，显微镜下观察，至特异性染色清晰，背景无染色时，中止显色。

（8）衬染，封片。

2. 间接法

（1）第（1）～（4）步骤同直接法。

（2）滴加适当稀释的特异性抗体于标本上，室温或 37 ℃，30～60 min，或 4 ℃过夜。

（3）PBS 洗 3 次，每次 5～10 min。

（4）滴加适当稀释的酶标第二抗体，室温或 37 ℃，30 min。

（5）加酶的底物，显色。

（6）衬染，封片。

二、非标记抗体法

（一）酶桥法

染色步骤如下：

（1）切片准备至第一抗体孵育处理步骤同酶标间接法。

（2）加第二抗体，37 ℃，30～60 min。应用过量的第二抗体能保证一个 Fab 段与第一抗体结合，另一个 Fab 段游离。

（3）加抗酶抗体（抗过氧化物酶或抗碱性磷酸酶），室温或 37 ℃，30 min。洗去未结合的多余的抗体。

（4）加酶溶液，37 ℃，30 min，使酶与抗酶抗体结合。洗去未结合的多余酶。

（5）显色等与酶标抗体法相同。

（二）PAP 法

1. PAP 的制备　分为兔抗 HRP 血清制备和 PAP 复合物制备。

（1）兔抗 HRP 血清制备步骤：

1）HRP 10 mg 溶于 l mL 灭菌生理盐水，加 1 mL 弗氏完全佐剂，充分乳化。

2）用乳化抗原免疫雄性新西兰种兔，在背部做多点皮内注射。

3）4 周后双侧臀部多点肌内注射 2 mL 含 1 mg HRP 和 1 mL 不完全佐剂的乳化液。

4）2 周后多点肌内注射不加佐剂的 HRP 共 1 mg。

5）1 周后缓慢静脉注射 1 mg HRP。

6）5 天后试血，效价达 1∶32 即可放血，分离血清。

（2）PAP 复合物制备步骤：

1）取兔抗 HRP 血清 15 mL，加 5.5 mL HRP（0.5 mg/mL），边加边搅拌，室温 1 h。

2）离心，4 ℃，16000 r/min，20 min，去上清，用 0.01 mol/L pH 7.2 PBS 洗沉淀 2 次。

3）加 7 mL HRP（2 mg/mL），搅拌，用 0.1 mol/L 和 1 mol/L HCl 调 pH 至 2.3，使沉淀溶解，立即用 0.1 mol/L 及 1 mol/L 的 NaOH 调 pH 值至 7.4。

4）离心，4 ℃，16000 r/min，20 min，弃沉淀。

5）上清液加 0.7 mL 等量混合的 0.075 mol/L NaAc 和 0.15 mol/L NH₄Ac 缓冲液。

6）加等体积饱和硫酸铵，4 ℃，16000 r/min 离心 20 min，弃上清液，用 5 mL 蒸馏水溶解沉淀。

7）透析 3 天。

8）离心，4 ℃，16000 r/min，弃沉淀。

9）分装、保存备用。

2. PAP 法步骤

（1）切片准备至加第二抗体孵育步骤同酶桥法。

（2）加 PAP 复合物，室温或 37 ℃，30～60 min。

（3）PBS 洗 3 次，每次 5～10 min。

（4）加酶的底物显色。

（5）衬染，封片。

双 PAP 法基本与 PAP 法相同，主要差别是：在 PAP 法的基础上重复滴加 1 次第二抗体和 PAP 复合物，但均比第一次稀释多 1 倍。因染色步骤较烦琐，故不常用。

三、免疫酶标法非特异性染色及消除方法

免疫酶标法非特异性染色及其产生原因是较复杂的，常见的非特异性染色可以用下列方法消除。

（一）醛固定组织引起的非特异性染色

原因：残余的游离醛基引起酶标记物的非特异性吸附，从而引起非特异性染色。

解决方法：应将组织充分水洗后再制作切片，切片充分水洗后再进行染色；或避免用戊二醛固定组织。

（二）标记抗体不纯引起的非特异性染色

原因：抗体不纯，掺杂有较多的游离戊二醛，或等电点较低的同工酶，与切片发生非特异性吸附，从而引起非特异性染色。

解决方法：应充分纯化标记抗体后再用。

（三）标记抗体浓度过高引起的非特异性染色

原因：冲洗不充分也易有非特异性背景染色。

解决方法：适当高倍稀释酶标记物，充分洗涤切片容易消除此种非特异性染色。

（四）细胞（或组织）蛋白与血清或酶之间的静电引力所致的吸附作用而发生的非特异性染色

原因：这在第一层血清中最易发生。

解决方法：可用 10% 无关血清或蛋白溶液预先处理，或加入抗体中以阻断非特异性吸附。

（五）内源酶干扰

原因：对于内源酶（过氧化物酶）的存在（只用酶底物处理，即出现阳性反应）而发生的非特异性结果，如内源性过氧化物酶在红细胞和颗粒白细胞等含量较多，其他细胞和组织亦可含微量。

解决方法：

（1）过碘酸和 $NaBH_4$ 处理切片：切片在 0.1% 过碘酸中浸 5～10 min，然后再浸 0.1% $NaBH_4$ 中 10～20 min，水洗后

即可消除内源性过氧化物酶。

（2）乙醇处理切片：未固定或甲醛固定的组织切片在 0.2% HCl 乙醇溶液或甲醇溶液中浸 15 min 后，水洗两次，即可进行免疫酶染色。

（3）切片经 3% H_2O_2 的甲醇溶液处理 30 min 后，水洗，即除去内源酶反应。

（4）用 0.01%～0.001% 的叠氮化钠（NaN_3）抑制过氧化物酶的活性。

（5）用 0.1% 胰酶消化法处理切片 10～20 min，亦可消除背景的非特异性染色。

（6）用双呈色反应区别内源和外源过氧化物酶的方法：组织细胞含有的过氧化物酶或氧化氢酶（catalase）先用 α-萘酯派罗宁在抗原抗体反应之前先显色呈红色；特异性抗原抗体上的标记酶用 DAB-H_2O_2 反应呈棕色，以区别内源酶和外来酶。

（7）内源性过氧化物酶干扰严重的标本可改用碱性磷酸酶标记抗体。

（8）被检查的细胞存在 Fc 受体，引起抗体的 IgG 非特异性结合，应用 Fab 或（Fab)2 标记物。

（9）抗原弥散：由于细胞未及时固定或固定不充分，抗原弥散向四周移位。注意充分固定标本以纠正。

（10）已知过氧化氢酶、过氧化物酶、乳过氧化物酶、血红蛋白等都会与基质溶液（过氧化氢和显色剂，如 DAB）发生反应，导致假阳性。在与 HRP 偶联抗体一起孵育之前，先用过氧化氢预处理样本可以显著降低这种非特异性背景。

总之，消除免疫酶标法非特异性染色的方法很多，但是主要的是用高效价、高特异性的血清作高倍稀释后使用，严格控制 DAB - H_2O_2 呈色反应的时间（不宜过长）是防止非特异性染色的关键环节。

第三节　免疫胶体金-银染色法与免疫胶体铁标记技术

一、免疫胶体金-银染色法

免疫胶体金-银染色法是以胶体金作为示踪标志物应用于抗原抗体的一种新型的免疫标记技术。胶体金是由氯化金酸（$HAuCl_4$）在还原剂如白磷、抗坏血酸、枸橼酸钠及鞣酸等作用下，聚合成为特定大小的金颗粒，并由于静电作用成为一种稳定的胶体状态。胶体金除了与蛋白质结合以外，还可以与许多其他生物大分子结合，如 SPA、PHA 及 ConA 等。1981 年 Danscher 建立了用银显影液增强光镜下金颗粒可见性的免疫胶体金-银染色法（immunogold-sliver staining，IGSS）。到了 1986 年 Fritz 等人在免疫金银法基础上成功地进行了彩色免疫金银染色，使得结果更加鲜艳夺目。胶体金-银技术逐渐得到完善和成熟，近年来此项技术得到了迅速发展和广泛应用。应用胶体金为标记物的免疫金染色法（IGS）与免疫金-银染色法（IGSS）方法，在光镜和电镜下可以单标记、双标记或多种标记同时观察细胞和组织结构，可以定性、定位至定量研究。目前已被应用于医学和生物学研究的众多领域。

二、免疫胶体铁技术

胶体铁（ferric colloid）是一种阳离子胶体，可通过普鲁士蓝反应呈色，其颗粒有一定大小及电子密度，最初被用于光镜及电镜下定位组织中的阴离子部位。1989 年，日本学者 Seno 等在抗体分子上标记了胶体铁，将胶体铁引入免疫细胞化学技术，形成了胶体铁标记技术，该方法具有较高的特异性与敏感性，背景染色干净。胶体铁（颗粒 1 nm）标记抗体直径比常用胶体金（5～40 nm）及铁蛋白标记抗体（12 nm）小，因而对固定组织具有更好的穿透力，可用于抗原的超微结构定位，尤其是免疫电镜的包埋前染色。结合免疫酶及不同大小胶体金标记抗体，还可用于抗体双标记及多标记。

第四节　免疫亲和技术

除了抗原与相对应的抗体结合具有高度的特异性和亲和性外，其他的亲和物质，如激素与受体、植物凝集素与糖类、葡萄球菌 A 蛋白与 IgG，以及生物素与抗生物素蛋白（avidin，A，亲和素）等，均已经运用在免疫组织化学和原位杂交等方面。抗生物素蛋白广泛地分布于动、植物组织中，并以辅酶的形式参与各种羟化酶反应。生物素与抗生物素蛋白之间具有高度极强的亲和力，较抗原与抗体的亲和力高出 100 万倍，能够彼此牢固地结合而不影响彼此的生物学活性。由于生物素和抗生物素蛋白之间具有高度的亲和性，生物素可与抗体偶联，不论生物素还是抗生物素蛋白均能与酶（过氧化物）结合并不影响酶的活性。将亲和化学和免疫细胞化学结合起来而形成抗生物素蛋白-生物素免疫染色技术，主要包括标记抗生物素蛋白-生物素（labeled avidin-biotin，LAB）技术、桥连抗生物素蛋白-生物素（bridged avidin-biotin，BAB）技术和抗生物素蛋白-生物素-过氧化物酶复合物（avidin-biotin peroxidase complex，ABC）等。

一、生物素-抗生物素蛋白标记技术

（一）桥连抗生物素蛋白-生物素标记法（BAB 法）

BAB 法或 BRAB（bridged avidin-biotin technique）法是利用抗生物素蛋白的多价性，以抗生物素蛋白作为中心或桥臂分别将生物活性大分子，如反应体系中的待检抗体、DNA 与标记的生物素（如生物素化酶）桥连的检测技术。分为直接法和间接法，直接法是以游离的抗生物素蛋白作为桥连剂，利用抗生物素蛋白的多价性，将生物素化抗体复合物与标记生物素联结，达到检测反应分子的目的。间接法则是在抗原与特异性抗体结合反应后，再用生物素化的第二抗体与抗原抗体复合物结合，从而使灵敏度进一步提高。由于生物素化抗体分子上连有多个生物素，因此，最终形成的抗原-生物素化抗体-抗生物素蛋白-酶标生物素复合物可积聚大量的酶分子。加入相应酶作用底物后，会产生强烈的酶促反应，提高检测灵敏度。

（二）抗生物素蛋白-生物素-过氧化物酶复合物法（ABC 法）

抗生物素蛋白-生物素-过氧化物酶复合物法是按一定比例将抗生物素蛋白与酶标生物素结合，形成可溶性的抗生物素蛋白-生物素-过氧化物酶复合物，当其与检测反应体系中的生物素化第一抗体或生物素化第二抗体相遇时，复合物中未饱和的抗生物素蛋白结合部位即可与抗体上的生物素结合。在抗生物素蛋白-生物素-过氧化物酶复合物形成时，一个标记了生物素的酶分子可通过其生物素连接多个抗生物素蛋白（或链霉抗生物素蛋白）分子，一个抗生物素蛋白分子又可桥连多个酶标生物素分子，这样就形成具多级放大作用的晶格样网状结构，其中网络了大量酶分子。ABC 法染色背景淡，方法简单，节约时间，可用于双重或多重免疫染色，尤其在组织切片和细胞悬液中抗原的检测和亚细胞水平定位分析中应用较广。ABC-HRP 和 PAP 均属免疫酶标记技术，且都带有辣根过氧化物酶基因。将这两种技术连续应用于一张涂片上，可提高检测的敏感性和微量抗原的检出率。其基本原理是先进行 PAP 技术，再用生物素化第二抗体与其结合，最后连接 ABC 复合物。经过这两次技术可使微弱的原始信号得到比应用一种技术更大的放大效果。

（三）标记抗生物素蛋白-生物素法（LAB 法）

标记抗生物素蛋白-生物素法包括直接法和间接法。直接法是以标记抗生物素蛋白直接与免疫复合物中的生物素化第一抗体连接进行酶呈色反应，间接法是采用生物素化第二抗体和抗原结合，由于加入了第二抗体，较直接法检测灵敏度要高，对免疫细胞中免疫球蛋白的定位具有特异性。LAB 法需以生物素标记第一抗体，应用不如 ABC 法普遍，与 ABC 法相比，LAB 法操作较简单，但灵敏度较低。

（四）链霉抗生物素蛋白-生物素染色技术（LSAB 法）

链霉抗生物素蛋白（streptavidin，SA）是与抗生物素蛋白（A）有类似生物学特性的一种蛋白质。LSAB 技术是用 streptavidin 代替 avidin，由于它不含糖基，故能极大地提高 A 的敏感性，且 A 的高等电点（isoelectric point，PI）及高含糖结构导致在聚苯乙烯板和硝酸纤维素膜上或与组织细胞 DNA 结合时，易产生一定程度的非特异性结合，造成较高的显色背景，而 SA 较 A 在应用中明显克服了这一缺点。

二、葡萄球菌 A 蛋白免疫染色法

（一）基本原理

葡萄球菌 A 蛋白（staphyloccal protein A，SPA）是金黄色葡萄球菌细胞壁上的一种抗原提取物，分子量为 42 kD，它能与多种哺乳动物，如人、猪、大鼠、小鼠及豚鼠等血清中 IgG 的 Fc 段结合而产生沉淀。由于 SPA 具有双价结合力，在免疫细胞化学技术中可作为桥连抗体或标记抗体。根据 SPA 能与多种动物血清中 IgG 的 Fc 段结合的特性，因此，可作为第二抗体或标记抗体，SPA 的最大优点是不受种属特异性的限制，故在目前各种免疫细胞化学技术中已得到广泛的应用。除不受种属限制这一特点外，SPA 法还具有染色时间短、灵敏性高和背景染色淡等优点。据报道，用国产酶联 SPA 代替酶标记抗体，应用间接染色，较 PAP 法省时一半。另外，SPA 分子量小（13 000～42 000），易于穿透组织，而免疫球蛋白酶标记抗体分子量为 200 000，PAP 复合物分子量为 430 000，均较 SPA 的分子量大。

（二）SPA 在免疫细胞化学染色中的应用

SPA 可为多种示踪物如荧光素、酶、胶体金、铁蛋白等所标记，应用较广的为酶标记 SPA 和金标记 SPA 技术，后者将在第七章中叙述。标记 SPA 常用的酶为 HRP。可应用于间接法。SPA 在 PAP 法中可代替桥连抗体。

1. SPA-HRP 用于间接法的操作步骤

（1）切片经脱蜡后用 0.5% H_2O_2 -纯甲醇液处理 5 min 以抑制内源性过氧化物酶活性。

（2）用 Tris 盐酸缓冲液（0.05 mol/L pH 7.6）洗 2 次，每次 3 min。

（3）以第一抗体血清覆盖处理切片，37 ℃，孵育 30 min，或 4 ℃ 24～48 h。

（4）用 Tris-HCl 缓冲液洗 3 次，每次 5 min。

（5）加 SPA-HRP（1∶100～1∶400）处理 30 min。

（6）Tris-HCl 缓冲液洗 3 次，每次 5 min。

（7）DAB-H_2O_2 显色。

（8）复染、脱水、透明、封固。反应物为棕色。

2. SPA 用于 PAP 法的操作步骤

（1）切片脱蜡至水洗。80% 甲醇（含 0.6% H_2O_2）封闭内源酶活性 5 min。

（2）10％卵白蛋白 Tris 缓冲液，20 min。

（3）第一抗体作用 37 ℃，30 min 或 4 ℃，16～48 h。

（4）0.05 mol/L pH 7.6 Tris-HCl 缓冲盐液洗片 5 min。

（5）SPA（1 μg/mL）5 min。

（6）Tris-HCl 盐液洗 5 min。

（7）PAP 复合物（无种属限制），5 min。

（8）Tris-HCl 盐液洗切片 5 min。DAB（0.6 mg/mL），加 0.01％ H_2O_2 反应 5 min，然后水洗。

（9）复染：常用 Mayer's 苏木精液数秒至 1 min（视需要而定），水洗。

（10）脱水、透明、封固、镜检。

3. SPA-HRP 的制备 应用 Nakane 和 Kawaoi 1974 年建立的过碘酸法，酶：SPA＝2：1，即 HRP 10 mg，SPA 5 mg。

（1）10 mg 溶于新鲜配制的 pH 8.1、0.3 mol/L 碳酸氢钠溶液 1 mL，加入 0.1 mL 1％二硝基氟苯无水乙醇溶液以封闭酶分子中的氨基，使不发生酶的自身聚合，室温，轻轻搅拌 1 h。

（2）加入 1 mL 0.04～0.08 mol/L（依不同批号的酶而定）的 $NaIO_4$，室温，搅拌 30 min。

（3）加入 1 mL 0.16 mol/L 乙二醇，室温，轻轻搅拌 1 h。

（4）对 1000 mL 0.01 mol/L pH 9.5 碳酸盐缓冲液充分透析（4 ℃，过夜），换缓冲液 3 次。

（5）加入 5 mg SPA 的 0.1 mol/L pH 7.4 碳酸钠缓冲液 1 mL，室温，轻轻搅拌 2～3 h。

（6）加 5 mg 硼氢化钠（NaBH$_4$）终止氧化，置 4 ℃冰箱 3 h 或过夜。

（7）对 PBS 透析 24 h，4 ℃离心去沉淀，半饱和硫酸铵洗沉淀结合物 3 次，溶于 1 mL 0.02 mol/L pH 7.4 的 PBS 中。

（8）对 PBS 充分透析，经测定后分装，储于 −20 ℃冰箱中保存备用。

用过碘酸钠法（NaIO$_4$）可以得到很高标记率的 HRP-SPA 标记物，而且保存了抗体的全部活性，敏感度高，稳定性强，大大优于戊二醛标记抗体法，国内现在也有 HRP-SPA 的标记物供应，但要注意由于各家所用的 SPA 可能来源于不同菌株，在性质上可能存在一些差异。

4. 注意事项

（1）在使用二硝基氟苯后，会产生氟化氢，应充分透析除净，否则抑制酶活性。

（2）标记时过碘酸浓度不宜过高，氧化时间不宜过长，否则会产生过度标记，即多个酶分子结合到一个蛋白 A 分子上。这些过度标记蛋白 A 的免疫反应性很差，容易产生非特异性染色。

（3）标记时加入酶与 SPA 的比例应适合，比值过大易产生过度标记，比值小则标记蛋白 A 产率低。

（4）过碘酸氧化结果能使酶具有多个醛基，从而能与多个蛋白分子的氨基相结合，成为一些大分子的聚合物。因此，有作者强调指出，对要求具有较强的细胞穿透力的免疫细胞化学实验时应予以考虑是否适用。但国内有实验室应用上海生物制品所生产的应用过碘酸氧化法制备的 HRP-SPA 于免疫电镜研究，仍获得了较为满意的结果。

第五节　凝集素免疫细胞化学技术

凝集素（lectin，agglutinin）是指一种从各种植物、无脊椎动物和高等动物中提纯的糖蛋白或结合糖的蛋白质，因其能凝集红细胞（含血型物质），故名凝集素。常用的为植物凝集素（phytohemagglutin，PHA），如伴刀豆凝集素 A（concanvalin A，Con A）、麦胚凝集素（wheat germ agglutinin，WGA）、花生凝集素（peanut agglutinin，PNA）和大豆凝集素（soybean agglutinin，SBA）等。凝集素可为荧光素、酶和生物素等所标记，因此与亲合组织化学技术类似，可被应用于免疫细胞化学技术。根据标记方法不同，可分为直接法和间接法。

一、直接法

标记物直接标记在凝集素上，使之直接与切片中的相应糖蛋白或糖脂相结合。具体步骤如下：

（1）切片脱蜡至水。

（2）凝集素标记物（100 μg/mL），室温，30 min。

（3）TBS 洗 3 次，每次 2 min。

（4）如为荧光素标记物，封片用荧光显微镜观察。如为酶标记物，则应依次进行呈色、脱水、透明和封固后，在光学显微镜下观察。

直接法的优点是简便，商品用的凝集素药盒已能购得，但灵敏性不够高。

二、间接法

将凝集素直接与切片中的相应糖基结合，而将标记物结合在抗凝集素抗体上。

（一）步骤

具体步骤如下：

（1）脱蜡至水。

（2）用含 $3\%H_2O_2$ 的甲醇阻断内源性过氧化物酶 10 min。

（3）凝集素稀释液（100 μg/mL）孵育 30 min。

（4）TBS 洗 3 次，每次 2 min。

（5）用标记了的抗凝集素抗体（1：100）孵育 30 min。

（6）TBS 洗 3 次，每次 2 min。

（7）呈色、脱水、透明、封片。

（二）改良

间接法染色。

1. 三步法　即在凝集素孵育后，接着用抗凝集素抗体孵育，再用标记了的抗-抗凝集素抗体孵育，层层放大，进一步提高其敏感性，PAP 复合物也可作为标记物标记在抗-抗凝集素抗体上。

2. 抗生物素蛋白-生物素凝集素法　用结合了生物素的凝

集素孵育切片后，TBS 洗后再以抗生物素蛋白-标记物与之结合。间接法较直接法敏感性高 5～10 倍或更多一些，但必须购买或自制抗凝集素抗体。

3. 糖-凝集素-糖法　本法是利用过量的凝集素与组织切片中特定的糖基相结合。经冲洗后，凝集素上还存在未被占用的结合部位，将这些部位与有过氧化物酶标记的特异性糖基相结合，形成一个三明治样的糖-凝集素-糖的结合物。具体步骤如下：

（1）脱蜡至水。

（2）用含 3‰H_2O_2 的甲醇阻断内源性过氧化物酶 10 min。

（3）用 100 μg/mL 的凝集素孵育 30 min。

（4）TBS 洗 3 次，每次 3 min。

（5）用 100 μg/mL HRP 标记的糖液孵育 30 min。

（6）TBS 洗 3 次，每次 3 min。

（7）DAB 呈色、脱水、透明及封固。

本法特异性强，灵敏度高，既不需生物素-抗生物素蛋白法改变凝集素，也不需要制备抗体。HRP 本身含有甘露糖，能与伴刀豆凝集素 A、扁豆凝集素和豌豆凝集素结合。但对其他的凝集素，本法目前普及还有一定困难。

（刘永平　孙国瑛　周　薇）

参考文献

[1] 李和，周德山. 组织化学与免疫组织化学 ［M］. 北京：人民卫生出版社，2021.

［2］刘颖，朱虹光. 现代组织化学原理及技术［M］. 3 版. 上海：复旦大学出版社，2017.

［3］王文勇. 免疫细胞（组织）化学和分子病理学技术［M］. 西安：第四军医大学出版社，2010.

［4］周竹青. 超微细胞化学的原理与技术［M］. 北京：科学出版社，2011.

［5］Constance Oliver，Maria Célia Jamur. Immunocytochemical Methods and Protocols［M］. Louisville：Humana Press，2010.

第五章　原位杂交组织化学技术

原位杂交组织化学（in situ hybridization histochemistry，ISHH）简称原位杂交，是一种在组织细胞原位进行的核酸分子杂交技术，用特定的核酸探针（如 DNA、RNA 和寡聚核苷酸）标记已知顺序的碱基，利用碱基互补配对原则，与组织切片、细胞或染色体标本中的待测核酸（DNA 或 RNA）进行特异性结合，通过组织化学或免疫组织化学方法，在核酸原有的位置上检测探针，从而分析待测核酸的分布和含量。ISHH 敏感性高，特异性强，可分析不同基因在染色体上的定位，以及 mRNA 在细胞质中的定位。目前，ISHH 已应用于基因组图、转基因检测、基因表达定位等基础研究，以及产前诊断、肿瘤和传染性疾病、病原学诊断等临床应用研究，是当前分子生物学研究的重要手段。

第一节　原位杂交组织化学技术的基本原理和方法

一、基本原理

ISHH 属于核酸分子杂交技术中的固相杂交。所谓固相杂交是指参加反应的两条核酸链，一条固定在支持物上，如尼龙膜、硝酸纤维膜、乳胶颗粒和微孔板等，而另一条游离。固相杂交技术还包括菌落原位杂交、DNA 印迹法（Southern 印迹法）、RNA 印迹法（Northern 印迹法）和斑点杂交等。菌落原位杂交通过裂解细菌释放出 DNA 再进行杂交，DNA 印迹法用于鉴定特定的 DNA 片段，RNA 印迹法则检测特定的 RNA 片段，利用这些技术虽然都能证明某病原体、细胞或组织中是否存在待测的核酸，但不能显示待测核酸在该细胞或组织中的位置。ISHH 则不同，它可以在待测核酸原有的位置上显示/检测到探针。

二、基本方法

ISHH 因所选择核酸探针的种类和标记物的不同，在具体操作方法上略有差异，但原则和方法基本相同。可分为 4 个过程：杂交前准备（取材、固定、玻片和组织的处理，如何增强核酸探针的穿透性、减低背景染色等）→杂交→杂交后处理→显示（包括放射自显影和非放射性标记的组织化学或免疫组织化学显色）。

（一）组织的取材

组织应尽可能新鲜，切取的组织块不宜过大，切取时刀要锋利，不宜用力挤压组织，切取后组织块要及时固定。取材时应戴手套，以避免外源 RNA 酶引起靶组织中 RNA 的降解。所用器械、容器都要经过高压消毒，或经焦碳酸二乙酯（DEPC）水处理。

（二）固定

ISHH 需检测待测核酸在细胞或组织中存在的部位，因而固定需要满足以下条件：①保持良好的细胞形态结构。②最大限度保存细胞内的 DNA 或 RNA 水平。③使探针易于进入细胞。RNA 容易降解，取材后应尽快进行冷冻或固定，避免RNA 酶的污染。

1. 固定剂　实验室最常用的固定剂是 4％多聚甲醛［用0.1 mol/L PBS，pH 7.4 缓冲液配制，添加 1/1000 的焦碳酸二乙酯（diethyl pyrocarbonate，DEPC）］。此外，乙酸/乙醇的混合液、Bouin 固定剂因可增加核酸探针的穿透性亦常被使用，但它们保存 RNA 的效果较多聚甲醛差，而且会损伤组织结构。戊二醛可较好地保存组织的结构和 RNA，但因可与蛋白质广泛的交联，从而降低了核酸探针的穿透性。

2. 固定时间及处理　对于 mRNA 的原位杂交，由于固定时间越长，mRNA 破坏和损失越多，故组织固定时间不宜过长（一般不超过 24 h），不能高温固定，常利用低温如在 4 ℃冰箱内进行固定，极大限度降低 RNA 降解。对较难取材的组织，可先行灌注固定，取材后再浸入固定液中固定。固定后最好进行冰冻切片处理。常采取的操作是：4％多聚甲醛 PBS 固定组织 1～2 h，浸入 25％蔗糖磷酸盐缓冲液 4 ℃过夜，次日进行冰冻切片或液氮保存。新鲜组织取材后也可直接液氮冷冻，切片后再浸入 4％多聚甲醛固定约 10 min，经空气干燥后即进行杂交或－80 ℃保存（切片可在－80 ℃保存数月，对杂交结果影响较小）。

（三）玻片和组织切片的处理

1. 玻片的处理

（1）洗涤：用洗涤剂（如热肥皂水）刷洗玻片（包括盖玻片和载玻片）→自来水清洗干净→浸泡于清洁液中 24 h→自来水清洗干净→双蒸水冲洗→烘干（60 ℃左右）→烘烤（250 ℃，4 h，去除 RNA 酶）→锡箔纸包裹无尘存放。

（2）载玻片硅化处理：烘烤过的玻片用 2‰3-氨基-丙基三乙基丙酮液浸泡 5 min 进行脱脂→100％乙醇浸泡 5 min→进入硅烷液数秒（4 mL 3-氨基-丙基三乙基硅＋200 mL 丙酮）→丙酮液浸泡 5 min→DEPC 水洗（1～2 次）→40 ℃烘干→无尘保存待用。

（3）黏附剂处理：由于 ISHH 实验周期长，实验程序繁杂，为保证实验过程中切片不脱落，需应用黏附剂预先涂抹在玻片上，干燥后待切片时应用。常用的黏附剂有：多聚赖氨酸（黏附效果较好，但价格贵）、铬矾-明胶液（价廉但黏附效果一般）、Vectorband Reagent（黏附效果好，价格较多聚赖氨酸便宜）等。

2. 增强组织的通透性和核酸探针的穿透性　用温和的非交联固定剂固定的细胞培养标本或冰冻切片，可不进行增强组织通透性的处理，而用交联固定剂固定的标本，特别是福尔马林固定的石蜡切片，则需经增强组织通透性的处理才能获得较好的结果。增强组织通透性常用去污剂或某些消化酶处理，可以去除蛋白质而增强组织通透性和探针的穿透性，提高杂交信号。但这种广泛的去蛋白作用同时也会减低 RNA 的保存量和影响组织结构的形态，导致标本脱落。因此，在用量和孵育时间上应谨慎选择和掌握。

目前常用的去垢剂为 Triton X-100，方法是将需处理的切片浸入含 0.2%～0.5% Triton X-100 的 PBS 内 15 min。常用的消化酶如蛋白酶 K、胃蛋白酶、胰蛋白酶、胶原蛋白酶和淀粉酶等。蛋白酶 K $1\mu g/mL$（0.1 mol/L Tris/50 mmol/LEDTA，pH 8.0 缓冲液中），37 ℃ 孵育 15～20 min，既能充分地消化蛋白又不影响组织的形态，也可以消化包围靶 DNA 的蛋白质，提高了杂交信号。消化后，应用 0.1 mol/L 甘氨酸（蛋白酶 K 抑制剂）终止消化。为保持组织结构，通常用 4% 多聚甲醛再固定 3～5 min。石蜡切片需先脱蜡，下行入水后再进入这一步处理。

3. 减低背景染色　多种因素均能造成背景染色，降低背景染色能大大提高 ISHH 技术结果质量。杂交后的酶处理和杂交后的洗涤都能降低背景染色。

预杂交是使背景染色降低的有效手段之一。预杂交液不含探针和硫酸葡聚糖。杂交前用预杂交液在杂交温度下预先孵育标本 1～2 h，可封闭非特异性杂交点，从而使背景染色降低。

在杂交后洗涤中如采用低浓度的 RNA 酶溶液（20 $\mu g/mL$）洗涤 1 次，可去除切片上残留的和组织中内源性的 RNA 酶，使背景染色降低。此外，多聚甲醛固定后，标本用 0.25% 乙酸酐处理 10 min，可阻断标本中的碱性基团，蛋白质的等电点偏向酸性，蛋白与核酸的非特异性吸附被抑制。烯酸处理能使碱性蛋白变性，如再结合蛋白酶消化，则可移除碱性蛋白。这既增强了靶核探针的穿透性，也可避免碱性蛋白与核酸之间的非特异性结合，从而减少非特异性背景染色。

4. 防止 RNA 酶的污染　为防止 RNA 酶污染，整个实验过程都需佩戴消毒手套，且实验玻璃器皿及镊子用锡箔纸包裹高温（240 ℃）处理 2 h 以上，另所用溶液均需高压处理，以达到消除 RNA 酶的目的。

（四）杂交

杂交是将杂交液滴于组织上，加盖硅化的盖玻片的过程。加盖片可防止孵育过程中杂交液的蒸发，也可选择在盖玻片周围加橡皮泥或液状石蜡封固。当孵育时间较长时，杂交可在含有少量 5×SSC 或 2×SSC（standard saline citrate，SSC）的湿盒中进行。

（五）杂交后处理

杂交后处理是 ISHH 实验程序中非常重要的环节，目的是除去未参与杂交体形成的过剩探针，解除探针与组织标本之间的非特异性结合。采用不同浓度、不同温度的盐溶液进行漂洗，能清除黏附在组织切片上的非特异性的探针片段，从而降低背景染色。在杂交后洗涤过程中遵循盐溶液浓度由高到低，温度由低到高的原则。在漂洗过程中始终保持切片湿润（干燥的切片较难漂洗去除非特异性结合）。放射性标记的探针在杂交后的洗涤过程中，洗涤液应特殊处理，如 ^{35} S 标记的核酸探针，在杂交后的洗涤时，漂洗液中需加入 14 mmol/L 的 β-巯基乙醇或硫代硫酸盐溶液，以防止核酸探针被氧化。

（六）显 示

显示又称为杂交体检测，根据核酸探针标记物不同，选择不同的检测系统进行显色，如放射自显影、酶检测系统。放射自显影切片可利用图像分析检测仪对银粒的数量和分布进行统计分析。非放射性核酸探针杂交的切片可利用酶检测系统显色，显色后，用显微分光光度计或图像分析仪分析显色强度。为了 ISHH 半定量结果的准确性，切片的厚度、核酸的保存量和取材至固定的间隔时间须保持一致。ISHH 采用放射自显影时，核乳胶膜的厚度和探针稀释度等须保持一致。

（七）对照实验和结果的判断

原位杂交的结果最终是通过检测探针上的标记物来实现的，由于影响实验的因素太多，在判断实验结果的时候需非常慎重。在显色时，常出现非特异性显色，需设置对照实验以证明其特异性。可根据核酸探针和靶核苷酸的种类进行设置对照实验，常用的对照实验有下列几种：

1. 以不含核酸探针的杂交液进行杂交。

2. 应用未标记探针进行杂交。

3. 应用多种核苷酸探针与同一靶核酸进行杂交。

4. 用 cDNA 或 cRNA 探针进行预杂交。

5. 与非特异性序列和不相关探针杂交。

6. 杂交前根据靶核酸是 DNA 或 RNA，将切片应用 RNA 酶或 DNA 酶进行预处理以消化被检核酸，然后再进行原位杂交。在做此对照实验时应注意在核酸酶处理好，要把标本上的酶处理干净，以免残留的酶破坏探针。

7. 应用同义 RNA 探针进行杂交。

8. 应用已知确定为阳性或阴性组织进行实验对照。

9. ISHH 与免疫细胞化学结合。

10. RNA 或 DNA 印迹杂交法。

11. 核乳胶或非放射性检测系统对照实验。

越多地设置对照实验可越准确反应探针对靶核苷酸的特异性，常设置 3～4 种对照实验来证实 ISHH 杂交结果的可靠性。

ISHH 具有高度特异性的优点，可用于检测组织、单个细胞或细胞提取物中的核苷酸含量。应用高敏感度的放射性标记 cRNA 探针检测 mRNA，其敏感度可达到 20 个 mRNA 拷贝/细胞。双链 DNA 较稳定，在 ISHH 过程较少出现丢失和降解。

由于影响 ISHH 实验结果的因素很多，如取材后未及时固定或冷冻可造成组织中 mRNA 的降解而导致假阴性结果的出现；不同核酸探针进入细胞、组织和各种器官的能力不同也可影响 ISHH 的实验结果。因此，对 ISHH 结果进行解释时应持慎重态度。

第二节　核酸探针的分类及选择

一、核酸探针的分类

核酸探针是标记了的已知碱基序列的核酸片段，在原位杂交中仅与组织细胞内靶核酸即待测核酸反应，从而进行定位的关键试剂。根据不同的标准，可对探针进行不同的分类。

（一）根据标记方法分类

根据标记方法的不同，核酸探针可分为放射性探针和非放射性探针两大类。

原位杂交技术最初建立时就是以放射性核素作为标记物。放射性标记法大多通过酶促反应将放射性同位素标记的基因掺入 DNA 中，常用的放射性同位素标记物有 ^{3}H、^{32}P 和 ^{35}S。放射性同位素标记探针具有灵敏性高、背景较为清晰等优点。因放射性同位素具有不稳定性，同时对人和环境均可能造成伤害，近年来放射性探针常被非放射性探针取代。

非放射性探针是指利用生物素、光敏生物素、荧光素、地高辛、2，4-二硝基苯甲醛（DNP）、磺基化 DNA 等标记的探针。非放射性探针敏感性不如放射性探针，但稳定性和分辨力较放射性探针高，检测时间短，操作简便，无放射性污染，应用日趋广泛。

（二）根据核酸性质分类

根据核酸性质不同，探针又可分为 DNA 探针、cDNA 探针、RNA 探针、cRNA 探针和寡核苷酸探针等。其中 DNA 探针包含双链 DNA 和单链 DNA 探针两种。

早期应用的核酸探针主要是 DNA 探针，为长度在几十到几百或上千碱基的单链或双链 DNA。选择 DNA 探针时，应尽可能使用基因的外显子。双链 DNA 探针在使用时需进行变性处理。20 世纪 70 年代，Temin 研究致癌 RNA 病毒时，以病毒 RNA 为模板，经逆转录酶作用，依照 RNA 的核苷酸顺序制备了 cDNA 探针。cDNA 是指互补于 mRNA 的 DNA 分子，不含有内含子序列，是一种较为理想的探针。cRNA 探针是指以 cDNA 为模板，通过体外转录而获得的单链核酸探针。在体外转录反应中可提供有标记物标记的核苷酸为原料，因此经过体外转录就能得到标记的 cRNA 探针。体外转录合成的 cRNA 探针长度一致，为单链探针，可避免应用双链 cDNA 探针做杂交反应时存在的两条链之间的复性问题。cRNA-mRNA 杂交体稳定，且不受 RNA 酶的影响。而 RNA 探针是指能与组织内核苷酸序列互补结合的一段带有标记的单链 cDNA 或 cRNA 分子。寡核苷酸探针是指以核苷酸为原料，由 DNA 合成仪依照目的基因的特异性序列合成的带有标记的短片段探针，长度一般为 30～50 bp。寡核苷酸探针具有制备简易、序列任定、易穿透组织、杂交时间短等优点。但杂交体不够稳定，一般只能采用末端标记法标记，结合的标记物较少，故敏感性较低。

二、核酸探针的选择

通常根据不同的杂交实验要求，选择不同的核酸探针。探针选择的基本原则应考虑是否具有高度特异性以及考虑来源是否方便等因素。较为常用的是 DNA 或 cDNA 双链探针。但在检测单链靶向序列时应选用与其互补的单链 DNA 探针、RNA 探针或寡核苷酸探针；在检测靶向序列单个碱基突变时应选用寡核苷酸探针。长双链 DNA 探针具有较强的特异性，适用于检测复杂的靶核苷酸序列和病原体，但因其探针长，不易透过细胞膜进入胞内和核内，不适用于 ISHH。

第三节　cRNA 探针在 ISHH 中的应用

ISHH 中的 cRNA 核酸探针为单链探针，杂交时不需要变性；不像双链 DNA 探针，在溶液中不会再退火，因此，大部分的探针都参与杂交反应，故杂交效率高，在溶液中形成的 cRNA-mRNA 杂交体稳定；cRNA 探针长度一致，杂交饱和水平高。cRNA 探针也存在一定的不足，如较 DNA 探针黏性强，因而与组织产生的非特异性结合相对较高，但此不足可通过在杂交后漂洗液中加用酶漂洗进行解决。因此，cRNA 探针在检测组织细胞内 mRNA 表达中得到广泛应用。

cRNA 探针有放射性同位素标记和非放射性标记两大类，常用的有核素标记、生物素标记和地高辛标记的 cRNA 探针。

一、核素标记 cRNA 探针在 ISHH 中的应用

（一）组织准备及固定

大鼠以 10％水合氯醛（0.3 mL/100 g 体重），或者 1％戊巴比妥钠（3～4 mg/100 g 体重）腹腔内注射麻醉，用 100 mL 生理盐水冲洗和 150 mL 4％多聚甲醛主动脉灌注固定。固定半小时后，再取出组织块，置于 4％多聚甲醛液中，4 ℃，再固定 4～6 h。如所取组织为脑组织，经灌注固定后取材，置于 4％多聚甲醛液中，4 ℃，再固定 4 h 左右，然后浸入 25％焦糖磷酸盐缓冲液中，置 4 ℃冰箱内过夜，次晨取脑组织冰冻切片

或保存在液氮中备用。新鲜组织也可在取材后直接用液氮或干冰速冻，待冰冻切片后再浸入 4% 多聚甲醛固定 10～30 min，干燥后进行原位杂交实验或置于 -80 ℃冰箱冻存数月。

对于石蜡切片，再铺片时需用含 DEPC 的双蒸水展开，置于 52 ℃烤箱中烤干。烤干的切片可保存数月。

对于培养细胞：通常将细胞培养在盖玻片上，可将盖玻片取出，用 4% 多聚甲醛液室温固定 2～4 h 后，进行后续步骤处理。也可 4% 多聚甲醛室温固定 20 min 后，经梯度乙醇（30%、50%、70%）各 3 min，最后保留在新鲜配置的 70% 乙醇中，4 ℃，备用。使用时依次置 50%、30% 乙醇 3 min，无菌双蒸水 3 min×2 次，然后置于 5 mmol/L 的 $MgCl_2$ 溶液（PBS 溶液配置）室温 10 min；再置入含 0.1 mol/L 甘氨酸、0.2 mol/L Tris 的混合溶液（pH 7.4）中，室温 10 min。

（二）玻片和组织切片的处理

组织切片/培养细胞的盖玻片在经过处理后，置于抹以黏附剂的载玻片上，43 ℃烤箱过夜。次晨先后按以下条件处理：

1. PBS（0.1 mol/L，pH 7.2）中浸泡 5～10 min。

2. 0.1 mol/L 甘氨酸-PBS 液内 5 min。

3. 0.3% Triton X-100（PBS 溶液配制）10～15 min（该步骤增强组织通透性）。

4. PBS 洗 5 min×3 次。

5. 含有蛋白酶 K（1 μg/mL）的 Tris-HCl（0.1 mol/L，pH 8.0）和 EDTA（50 mmol/L，pH 8.0）37 ℃浸泡 20 min。

6. 甘氨酸溶液 3 min 终止消化，用新鲜配制的 4% 多聚甲醛（PBS溶液配制）再固定。

7. 新配制的含 0.25% 三乙醇胺（0.1 mol/L，pH 8.0）中 10 min，以达乙酰化的目的。

（三）杂交

1. 预杂交 每张切片滴加 20 μL 预杂交液（贴片）或将切片浸入预杂交液中（漂片法）中 42 ℃，15~45 min。

2. 杂交 将载玻片上过量的预杂交液倾去，加 20 μL 杂交混合液（放射性核素标记的探针量为 $5×10^3$~$5×10^6$ 次/min）。覆以硅化的盖玻片，置于盛有少量 2×SSC 的密封湿盒内以保持湿度，但与盐溶液不接触，42 ℃杂交过夜（16~18 h）。

（四）杂交后漂洗

1. 将载玻片一端插入适量 4×SSC 溶液中，以上下提拉方式移除盖玻片。

2. 将载玻片置于染色缸内，加入 42 ℃（预热）4×SSC，置于振动台上，振动漂洗 3 次，每次 20 min。

3. 将载玻片置入含有 20 μL RNA 酶（20 μg/mL）的 NaCl（0.5 mol/L）、Tris HCl（pH 8.0）和 EDTA（1 mmol/L，pH 8.0）溶液中，42 ℃，30 min，消化未杂交探针。

4. 分别在 2×SSC，0.1×SSC 和 0.05×SSC 溶液中，42 ℃，漂洗载玻片各 30 min。

5. 室温下进行梯度乙醇脱水（70%，90%，2×100%乙醇含 0.3 mol/L 乙酰胺），每次 10 min，空气干燥后进行放射自显影。

（五）放射自显影

1. 准备工作

（1）暗室中，将分装的核乳胶溶液小瓶置于 46 ℃水浴浸泡至少 1 h，使乳胶融化，用干净的载玻片轻轻地将乳胶混匀，注意不要产生气泡。乳胶应按所需浓度稀释分装于 10 mL 小瓶中，密封于暗盒内，4 ℃保存，备用。每瓶内的核乳胶仅供一次实验使用，因核乳胶反复的冷冻和溶解会增加背景染色。

（2）预热电热板至 46 ℃备用；准备暗盒：内置变色硅胶干燥剂（无水时为小块蓝色晶体，吸水后呈粉红色，置烤箱中烘干待转成蓝色后可重复应用）；将完全干燥的载玻片移入暗室并依次排列于玻片架上，含组织的一面朝向实验者。在预显影载玻片前放 1～2 张干净载玻片，作为测定核乳胶溶解度与浸片高度等的空白对照。

2. 浸核乳胶   当一切准备工作就绪后，在暗室中（只留暗红色安全灯）先将载玻片置于电热板上预热 1～2 min。使用空白载玻片浸入核乳胶液，取出后检查核乳胶是否溶解充分，载玻片上有无气泡。然后正式进行切片浸入。浸核乳胶膜需反复操练，以拇指和食指夹住玻片一端，垂直方向浸入乳胶，以中速进入和提出，且应保持稳定，保证浸入形成的核乳胶膜厚度适当，均匀一致。提出后载玻片一端滴下的乳胶轻沾于吸水纸上，然后将切片倾斜放在预热 46 ℃的电热板上干燥至少 1～2 h，此过程在暗室中操作。

3. 装入暗盒曝光   将覆有核乳胶的载玻片放入暗盒内，胶带封固暗盒，标明实验者姓名、样品种类、曝光日期等信息后，放于 4 ℃冰箱。曝光时间与同位素种类有关，如 ^{32}P 需 5～7 天，^{3}H 需 4 周；同时还要参考细胞内 mRNA 的含量，含量高者曝光时间可缩短，反之宜适当延长。可根据实验结果适当调整曝光时间。延长曝光时间可增加信号，同时背景也随之增加，反之，信号减弱，但背景亦低。

4. 显影 从 4 ℃冰箱中取出暗盒（注意：切勿启封），使其回升到室温。在暗室内将载玻片置入 Kodax D19 显影液 3 min。随后载玻片水冲片刻，置入 Kodax F24 固定剂内 3 min。由于改变溶液温度可能损坏核乳胶膜，此过程中的溶液温度及水温保持在 18 ℃～20 ℃。另外，在显影和定影过程中避免溶液振荡，因为，此时乳胶处于胶状结构，溶液振荡的冲击可使乳胶膜产生划痕，影响显影结果。

5. 冲洗、脱水和复染 用自来水温和冲洗上述载玻片 20 min，根据实验需求选择是否 1％苏木精复染 20～60 s，复染后用自来水冲洗分化 2 min；将载玻片依次置入 70％、90％、100％梯度乙醇中脱水，每次 3 min；二甲苯透明后用 DPX 封片胶封片。

二、生物素标记 cRNA 探针在 ISHH 中的应用

（一）光敏生物素标记的 cRNA 探针

以线性质粒 DNA 为模板合成未加标记物的 cRNA 探针，使其最终浓度为 500～1000 ng/μL，再与等体积的光敏生物素（1000 ng/μL）混合。混合物距离 150 W 卤素灯 20 cm 处照射 30 min。游离生物素用仲丁醇抽提，而光敏生物素 cRNA 探针

用丁醇沉淀回收。光敏生物素标记的 cRNA 探针溶于适量的灭菌双蒸水，其最佳工作浓度为 2 μg/mL。

光敏生物素核酸探针原位杂交组织化学程序：

1. 石蜡切片进行脱蜡处理后，用 PBS（0.1 mol/L，pH 7.2）浸泡 5 min；冰冻切片直接用 PBS 浸泡 5 min。

2. 0.1 mol/L 甘氨酸－PBS 浸泡 5 min 后再用 0.4% Trition X－100（PBS 溶液配置）处理 15 min。

3. 在含有蛋白酶 K（1 μg/mL）的 Tris-HCl（0.1 mol/L，pH 值 8.0）和 EDTA（50 mmol/L，pH 8.0）溶液中，37 ℃ 处理 30 min。

4. 用 PBS 溶液新鲜配制的 4% 多聚甲醛固定 5 min；再用 PBS 冲洗 2 次，每次 3 min。

5. 用新鲜配制的含 0.25%（V/V）三乙醇胺（0.1 mol/L，pH 8.0）处理 10 min。

6. 2×SSC 处理 10 min 后，取 20 μL 含 cRNA 探针的杂交液滴于标本上，如果是 cDNA 探针用前需置于 95 ℃ 水浴中处理 10 min 使其变性，然后马上置入冰浴中冷却，让其保持单链状态，然后再使用。

7. 盖上硅化盖玻片，置于温盒，43 ℃ 孵育 12~16 h。

8. 4×SSC 洗脱盖玻片后，37 ℃，继续漂洗 10~30 min。

9. 用含有 20 μg/mL 核糖核酸酶（RNase）A 的 2×SSC，37 ℃，漂洗 30 min；再用 1×SSC，0.1×SSC，37 ℃，分别漂洗 10~30 min；0.05 mol/L PBS 漂洗 4 次，每次 5 min。

10. 用 0.4% Trition X－100 PBS 配制的 3% BSA，37 ℃ 孵

育 30 min。

11. 用 0.4% Triton X‑100 PBS 配制的 Avidin-AKP（碱性磷酸酶）（1∶500～1∶100）室温孵育 1～3 h。

12. 0.05 mol/L PBS 冲洗 4 次，每次 5 min。

13. TSM1（1 mol/L pH 8.0 Tris-HCl 100 mL；5 mol/L NaCl 20 mL；1 mol/L $MgCl_2$ 10 mL；双蒸水定容至 1000 mL）洗 2 次，每次 5 min。

14. TSM2（1 mol/L pH 8.0 Tris-HCl 100 mL；5 mol/L NaCl 20 mL；1 mol/L $MgCl_2$ 50 mL；双蒸水定容至 1000 mL）洗 5 min×2 次。

15. 0.4 mg/mL 硝基四氮唑蓝（NBT）和 0.2 mg/mL 5‑溴‑4‑氯‑3‑吲哚基-磷酸（BCIP）混合液显色，室温，暗处 3 h。

16. 20 mmol/LEDTA（pH 8.0）终止显色。

17. 甘油明胶直接封片。

结果：杂交阳性部位呈现蓝黑色。

为减少背景显色，组织处理及预杂交所用器皿须高温消毒，实验者须戴手套。

（二）酶促生物素标记 cRNA 探针的应用

除探针浓度为 2.5 $\mu g/\mu L$ 外，其他步骤与放射性标记 cRNA 探针相同，反应步骤如下：

1. 用 PBS 冲洗黏附切片的载玻片 2 次，每次 3 min。

2. 将载玻片浸入含 0.3% H_2O_2 的 PBS 内 30 min，以封闭内源性过氧化物酶。

3. PBS 冲洗 2 次，每次 3 min，用吸水纸拭干切片周围的水分，加入小鼠抗生物素血清 1∶100 和正常羊血清（1∶30），室温孵育 1 h，或 4 ℃ 过夜。

4. 用 PBS 彻底冲洗。

5. 切片上滴加生物素化抗小鼠 IgG（1∶100）室温孵育 30 min。

6. 用 PBS 彻底冲去 IgG。

7. ABC 复合物与 1% 牛血清白蛋白（BSA）- PBS 液 1∶1 混合，混合液室温孵育 1 h。

8. 用 PBS 彻底冲去混合液。

9. 切片组织覆以新鲜配制的 0.025% 二氨基联苯胺（DAB）溶液，0.02% H_2O_2，孵育 3～15 min。

10. 水洗，复染，脱水，透明和封片。

三、地高辛标记 cRNA 探针的应用

（一）基本原理

地高辛（Digoxigenin，DIG）又称异羟基洋地黄毒苷配基或异羟洋地黄毒苷，是洋地黄类植物中提取出的小分子类固醇半抗原。地高辛配基标记于脱氧尿嘧啶三磷酸核苷（dUTP）上形成 DIG - 11 - dUTP。使用随机引物法将 DIG - 11 - dUTP 与探针的核酸分子相连，形成 DIG -配基标记的核酸探针。DIG 标记的探针与组织、细胞或染色体原位的同源序列互补杂交后，用偶联有酶或荧光素的抗地高辛抗体结合物作为酶标记或荧光标记，通过显色底物使杂交部位显色或产生荧光以达到

检测目的。

　　常用的免疫酶学检测方法有辣根过氧化物酶（DIG-HRP）和 DIG-AKP 两类检测体系。DIG-HRP 检测体系以 DAB、H_2O_2 为底物，使其显示棕色；或以 4-氯-1-萘酚、H_2O_2 为底物，结果显示为蓝色。DIG-AKP 检测体系以 BCIP 和 NBT 为底物，结果显示为深蓝色至蓝紫色沉淀。两类检测体系各有优点，DIG-AKP 的灵敏度和分辨率较 DIG-HRP 体系高 10 倍左右，而 DIG-HRP 更为稳定、价廉。

　　地高辛标记的核酸探针比较稳定，－20 ℃储存可达 2 年。但为保证实验效果，地高辛标记探针常在 3～6 个月内使用。对于已知的重复性实验，含有探针的杂交液重复使用；但对于未知 mRNA 的检测，应使用新鲜探针杂交液。

　　与放射性标记探针相比，地高辛标记的探针无放射性，对人体无害，也不受半衰期时间限制可长期保存。与生物素标记探针相比，地高辛标记的探针不受组织、细胞中内源性生物素的干扰，其敏感性高。因地高辛具有高灵敏性及高分辨率、反应产物颜色鲜艳、反差好、背景染色低、制备探针保存常和对人体无害等优点，它可广泛应用于 ISHH、DNA 印迹杂交、限制性酶切片段长度多态性（RFLP）分析、菌落原位杂交、噬菌斑原位杂交、染色体原位杂交以及生物体液和组织中病毒 DNA 序列的检测等。这一技术还被应用于检测 DNA 标记物及测序，对人类染色体连锁图谱进行构建和基因图谱分析。

　　（二）操作步骤

　　1. 组织前处理　载玻片提前清洁和高温处理，并涂上黏附剂。冰冻切片（厚 10～30 μm）贴于处理好的载玻片上，先置于 37 ℃预干燥 4 h，再置于 37 ℃烤箱中过夜后可直接实验或低温保持备用。切片可在 −20 ℃条件下保存 2～3 周，−70 ℃可保存数月甚至数年，但新鲜制片显色效果更好。石蜡切片、脱蜡、水化后，切片置 37 ℃烤箱 4 h 或过夜，然后进行杂交前处理。

在烘烤或低温保存时，用锡箔纸并加入少许干燥剂（变色硅胶）包被切片，以防被尘埃及空气中的 RNA 酶污染。

2. 杂交前处理（操作者需戴手套，玻璃器皿均需消毒）

（1）切片用 PBS 洗涤 2 次，每次 3 min。

（2）从切片中选择 2～3 张作为"RNA 酶对照片"（其他切片暂放于 PBS 溶液中）：每张切片上覆以过量的 RNA 酶溶液（100 μg/mL），并置于经 37 ℃预热处理且盛有少许 2×SSC、RNA 酶（100 μg/mL）的塑料盒或蒸发皿内，37 ℃孵育 30 min 后，用 2×SSC 冲洗 2 次，每次 3 min。

（3）蛋白酶 K 消化：将蛋白酶 K（1 μg/mL）溶于 pH 8.0 的 Tris-HCl（0.1 mol/L）和 EDTA（50 mmol/L）中，组织切片（包含 RNA 酶对照片）放入消化液中孵育消化 15～20 min（具体消化时间应根据组织的种类、厚度而定。时间过短，探针不易进入组织或细胞；过长则会影响细胞或组织的形态结构）。

（4）含甘氨酸（0.1 mol/L）的 PBS 溶液处理切片 5 min 终止消化，再用 0.25%乙酸酐（三乙醇胺配制，0.1 mol/L）处理 10 min 进行乙酰化处理。

（5）含 4% 多聚甲醛的 PBS 溶液处理切片 3 min 后，用 PBS 漂洗切片 2 次，每次 3 min。再将切片浸入新鲜配制的 0.25% 乙酸酐溶液中处理 10 min，以封闭非特异性结合位点。

（6）用 2×SSC 漂洗 15 min。

3. 杂交　加入含有 cRNA 探针（0.5 ng/mL）杂交液，滴入杂交液使其覆盖切片，并加盖硅化盖玻片，置于盛有少量 2×SSC 溶液的湿盒内，42 ℃，孵育 16～18 h 或过夜。需注意，地高辛配基标记的 cRNA 核酸探针保存浓度为 2.5 ng/mL，用前需稀释。

4. 显示

（1）用 TSM1 液（1 mol/L pH 8.0 Tris-HCl 100 mL；5 mol/L NaCl 20 mL；1 mol/L $MgCl_2$ 10 mL；双蒸水定容至 1000 mL）冲洗杂交后的载玻片 2 次，每次 3 min，再置于 TSM1 液中室温处理 10 min 以封闭非特异性结合部位。

（2）用吸水纸拭干切片周围的液体，但需保持切片湿润。加滴 TSM1 液稀释的抗地高辛抗血清（1∶500），室温孵育 2 h。

（3）TSM1 液漂洗 3 次，每次 3 min，浸入 TSM2 液（1 mol/L pH 8.0 Tris-HCl 100 mL；5 mol/L NaCl 20 mL；1 mol/L $MgCl_2$ 50 mL；双蒸水定容至 1000 mL）室温漂洗 10 min。

（4）浸入含显色 BCIP/NBT 底物中室温孵育 10～30 min（时长可视情况而定）。用锡箔纸包裹反应盒，使显色在黑暗中进行。定期检测组织的反应强度，可根据反应强度决定是否延长孵育时间。杂交组织显色为紫蓝色。

（5）将切片浸入 pH 8.0 的 EDTA（20 mmol/L）以终止反应。

（6）复染：切片置入染液中染色 10～30 s 后，流水清洗切片 5～10 min，直至水无色为止。常用的染液有 1%苏木精、1%亮绿、1%伊红或 5%焦宁（派洛宁 Y）。

（7）在切片未干前，使用原位杂交封片剂（也可用甘油封片剂）封片。如要永久保存，可将切片在封固前进行梯度乙醇脱水，二甲苯透明，最后用 DPX 在盖片四周封固。注意：此过程每一步仅需几秒，时间过长易致褪色。

5. 注意事项

（1）在底物中孵育过长会出现较强的非特异性染色，须通过设置对照片进行区分。特异性染色表现为有结构性定位，而非特异性染色常在切片边缘或细胞密集处呈现较强的颜色反应。

（2）在操作步骤中应严防 RNA 酶的污染。另外，切片始终需保持湿润，防止干燥。

第四节　DNA 及寡核苷酸探针在原位杂交组织化学中的应用

一、DNA 探针的应用

DNA 探针比 cRNA 探针敏感度弱，主要用于病毒检测等领域。其原位杂交操作步骤与 cRNA 探针基本相同，但略有区别：①杂交时 DNA 探针先经高温（80 ℃～95 ℃）短暂处理，使 DNA 探针及靶 DNA 解离成单链后，迅速置于冰上冷却。然后置于 37 ℃～42 ℃杂交过夜。②省略用低浓度 RNA 酶溶液洗涤杂交后的切片，因为此步不能减低背景。目前，DNA 探针主要采用生物素、地高辛和荧光进行标记。生物素和地高辛主要用随机引物法进行标记，也可用缺口平移法。氨乙酰基荧光素、磺酸和汞的核苷酸探针标记利用简单的化学反应。产生荧光的物质各有不同，异硫氰酸荧光素（FITC）较为常用，也可用德克萨斯红获得满意效果。但藻红素可能由于分子大应用效果较差。也可同时应用 AAF 和生物素标记系统及汞与生物素系统分别应用不同的荧光素去标记两条 DNA 进行双重染色。

（一）地高辛-碱性磷酸酶（DIG-AKP）标记的 DNA 探针在石蜡切片中检测病毒 DNA 的应用

1. 组织前处理

（1）固定：4%多聚甲醛或 Bouins 液固定组织后进行石蜡包埋，石蜡切片（4～6 μm）黏附于涂有黏附剂的载玻片上。实验前将切片置于 60 ℃～80 ℃烤箱 6～8 h，使切片紧贴载玻片。

（2）脱蜡：二甲苯处理 2 次，每次 10 min，然后依次入100%、90%、70%、50%、30%乙醇各浸泡 5 min。再用 PBS洗涤 2 次，每次 10 min，最后入 0.2 mol/L HCl 处理 20 min以进一步去除蛋白。

（3）切片置于 50 ℃预热 2×SSC 溶液中孵育 30 min。

（4）然后置于蛋白酶 K（1 μg/mL）溶液中，37 ℃，孵育 20～25 min。

（5）用甘氨酸（0.2 mol/L）溶液室温处理切片 10 min，中止蛋白酶反应。

（6）置于 4%多聚甲醛溶液中室温处理 20 min。

（7）之后用 PBS 漂洗 2 次，每次 10 min。

（8）依次入 30%、50%、70%、90%、100%乙醇脱水处理各 3 min 后，空气干燥。

2. 预杂交　每张切片滴加不含探针的杂交液 20 μL，使其覆盖组织，42 ℃孵育 30 min，以便封闭非特异性杂交位点。

3. 杂交　每张切片滴加 10～20 μL 杂交液，加盖硅化盖玻片后置于 95 ℃处理 10 min（使 DNA 探针及病毒 DNA 变性），然后迅速置于冰上放置 1 min，使切片冷却，最后将切片置于含有 2×SSC 溶液的湿盒内，42 ℃孵育过夜。

4. 杂交后漂洗

（1）在 2×SSC 溶液内移除盖片，再置于 55 ℃预热 2×SSC 溶液内漂洗 2 次，每次 10 min，随后用 55 ℃的 0.5×SSC 溶液漂洗 2 次，每次 5 min。

（2）用含 0.5%封阻试剂的缓冲液Ⅰ（15 mmol/L NaCl，100 mmol/L Tris-HCl，pH 7.5），37 ℃孵育 30 min。

（3）然后缓冲液Ⅰ室温孵育 15 min。

（4）缓冲液Ⅰ稀释的酶标地高辛抗体（1∶5000）37 ℃孵育 30 min。

（5）缓冲液Ⅰ室温洗涤 2 次，每次 15 min。

（6）缓冲液Ⅱ（100 mmol/L NaCl，100 mmol/L Tris-HCl，50 mmol/L MgCl$_2$，pH 9.5）室温处理 2 min。

5. 显色

（1）显色液配制：每 1 mL 缓冲液Ⅱ内加入 4.5 μL NBT 和 3.5 μL BCIP 配成显色液。

（2）每张切片滴加显色液，使其覆盖组织，将切片置暗处显色 30 min～2 h。定时镜检其显色情况。

（3）缓冲Ⅲ（1 mmol/L EDTA，10 mmol/L Tris-HCl，pH 8.0）处理 10 min 以终止显色反应，再用甲绿复染 5 min。之后用二甲苯透明，DPX 封片，最后镜检显色。

（二）荧光标记 DNA 探针的应用

荧光原位杂交（fluorescence in situ hybridi-zation，FISH）技术是根据碱基互补配对原则，通过特殊手段使带有荧光标记 DNA 探针与目标 DNA 接合，最后通过荧光显微镜直接观察目标 DNA 所在的位置。FISH 技术简便、快速，属于非放射性标记，其敏感性与放射性标记探针相同。

荧光标记 DNA 探针应用于 ISHH 中的基本原则如下：

1. 采用高温处理使组织或染色体中 DNA 双链解离为单链。

2. 杂交　37 ℃进行，且盖片提前进行。染色体铺片滴入约 10 μL 杂交液（探针浓度为 0.4 ng/μL）后，盖上 37 ℃预热的盖片，37 ℃避光孵育数分钟，孵育时间根据组织类别及杂交荧光强度而定。

3. 用组织化学或免疫细胞化学方法显示荧光标记。对于上述检测系统，采用直接法较为简便，采用间接法可提高敏感度。

二、寡核苷酸探针的应用

寡核苷酸探针（短链探针，长度 10～50 个核苷酸）的优点在于它可根据靶分子设计序列并由 DNA 合成仪合成，可以控制其长度和分子大小（通常其长度较克隆的 DNA 片段短）。目前，可以用放射性同位素、荧光素、生物素和地高辛进行寡核苷酸探针标记，标记的寡核苷酸探针可应用于培养细胞、组织切片和染色体铺片等的原位杂交。寡核苷酸探针的敏感性不如 cRNA 或 DNA 探针，但因其制备相对较为简便，所以在基础生物医学及临床医学领域中应用较为广泛。

寡核苷酸探针运用于 ISHH 时，基本操作要点与 cRNA 或 DNA 探针相同。成功与否主要取决于探针的设计，尽量降低错配而使有效配对率增加。

（一）地高辛标记寡核苷酸探针的应用

1. 组织处理

（1）冰冻切片：清洁载玻片并涂上黏附剂，切片厚度控制在 10～20 μm，将其贴于载玻片上。切片可保存于 $-80\ ℃$ 备用。杂交实验前，要使其迅速回升到室温，空气干燥。切片用 3％多聚甲醛（PBS 配制，pH 7.4）溶液固定。固定后用 PBS 漂洗 3 次，每次 5 min，最后用 2×SSC 溶液孵育 10 min。

（2）石蜡切片：经二甲苯浸泡 10 min 脱蜡，100％乙醇浸泡 2 次，每次 10 min，空气干燥切片 10 min 后，再依次通过

95％、80％、70％梯度乙醇各浸泡 1 min，PBS 漂洗 3 次，每次 5 min，2×SSC 溶液室温孵育 10 min。

（3）离心细胞涂片：4％多聚甲醛固定细胞，经离心后，将细胞沉淀涂于有黏附剂的载片上，应用 PBS 漂洗载片 3 次，每次 5 min。涂片再经 0.1 mol/L 含 0.25％（V/V）乙酸酐的三乙醇胺溶液中处理 10 min 后，置于 0.2 mol/L Tris-HCl（pH 7.4，含 0.1 mol/L 甘氨酸）溶液中再处理 10 min，最后 2×SSC 溶液室温孵育 10 min。

2. 探针准备　35 pmol 的寡核苷酸探针，3′终末以地高辛- 11 - dUTP 进行标记。

3. 预杂交和杂交

（1）每张载片上加约 300 μL 预杂交液，室温孵育 1 h。

（2）预杂交完成后用 2×SSC 溶液漂洗切片，用吸水纸拭干切片周围水分，每块切片上加 30 μL 左右杂交液（含寡核苷酸探针浓度根据待测核苷酸含量而定），再覆以硅化盖玻片，37 ℃杂交过夜（若寡核苷酸探针长度大于 36 碱基，改为 42 ℃杂交过夜）。

（3）切片分别用 2×SSC、1×SSC 溶液各漂洗 1 h，37 ℃的 0.5×SSC 溶液漂洗 30 min 后，再用 0.5×SSC 溶液室温漂洗 30 min。

（4）地高辛显示：同地高辛标记的其他探针。

（二）同位素标记寡核苷酸探针的应用

1. 组织处理　大鼠应用 1％戊巴比妥钠（3～4 mg/100 g 体重）进行腹腔注射麻醉，经心脏灌注 4％多聚甲醛约 2 h 后

（或置于 4 ℃冰箱过夜），取相应的组织浸于 4%多聚甲醛（含 10%蔗糖）溶液中，4 ℃过夜。次日组织置于恒冷箱切片（－14 ℃），切片厚度为 14 μm 左右，将切片贴于涂有黏附剂的载片上，37 ℃或室温干燥。

2. 杂交前处理　同位素标记寡核苷酸探针杂交前处理同放射性标记 cRNA 探针。

3. 杂交　37 ℃过夜，其余步骤同地高辛标记寡核苷酸探针。

4. 杂交后漂洗　2×SSC 溶液室温漂洗 3 次，每次 5 min；1×SSC 溶液室温漂洗 1 min；55 ℃预热的 0.5×SSC 溶液 2 次，每次漂洗 15 min×2 次；0.5×SSC 溶液室温漂洗 2 次，每次 3 min。最后通过梯度乙醇脱水，切片室温干燥。

5. 浸核乳胶

在暗室内，将切片浸入核乳胶并用黑盒封闭，4 ℃曝光 2～3 周（根据同位素种类选择曝光时长），显影，复染，观察。

第五节　原位杂交组织化学与免疫细胞化学结合法

原位杂交组织化学技术只能显示出细胞中的靶基因，而免疫细胞化学主要是针对细胞中的蛋白质、多肽或其他抗原进行显示，两种方法显示内容均单一，未能充分显示靶基因和蛋白质之间的含量和定位关系。随着基础生物医学研究的深入，为更好地研究基因的转录和蛋白质、多肽合成的动力学，使得 ISHH 技术与 IHC 产生了结合，即 ISHH 与 IHC 结合法。在同一切片或两个相邻切片上进行 ISHH 和 IHC 染色，可以显示出同一细胞中靶 mRNA 和相应的蛋白质、多肽或其他抗原的含量及定位。应用 ISHH 与 IHC 结合法时，可在相邻切片上分别进行 ISHH 和 IHC 染色，可使染色结果都比较理想，但易产生空间和样本的误差；在同一切片上进行 ISHH 和 IHC 染色，可克服空间和样本的误差，但第一次染色会影响第二次染色，使第二次染色不理想。鉴于切片细胞中 mRNA 易被污染有少量核糖核酸酶（RNase）的液体所降解，因此采用 ISHH 与 IHC 结合法时，切片先进行 ISHH 染色，再 IHC 染色；在 ISHH 染色时，应尽量减少生物活性肽或蛋白质的丢失，杂交后冲洗可降低漂洗温度。

一、同位素原位杂交组织化学与免疫组织化学、 过氧化物酶-抗过氧化物酶复合物法 （ PAP ） 的联合程序

操作步骤如下：

（1）漂洗器皿提前灭菌处理。

（2）切片置于 PBS 溶液中冲洗 5 min 后，再置于 0.1 mol/L 甘氨酸（PBS 配制）中处理 5 min。

（3）0.4% Triton X‑100 处理 15 min。

（4）切片置于 1 μg/mL 的蛋白酶 K 溶液中，37 ℃孵育消化 30 min。

（5）4％多聚甲醛固定 5 min。

（6）先用 PBS 冲洗 2 次，每次 3 min，再用 0.25％乙酸酐（0.1 mol/L 三乙醇胺配制）处理 10 min，然后用 2×SSC 溶液冲洗 10 min。

（7）杂交：cDNA 探针需高温变性处理，载片法时将切片置于空气中自然干燥，滴加 10 μL 含探针的杂交液于切片上，盖上硅化盖片。探针浓度根据同位素不同而定，如^{3}H 标记探针每 10 μL 杂交液含 1×10^5 个/min 探针；^{32}P 或^{35}S 标记探针每 10 μL 杂交液含 5×10^5 个/min 探针。漂浮切片，则用灭菌吸水纸尽量吸干切片水分，然后再滴加杂交液（探针浓度同载片法），置于 43 ℃孵育 12～16 h。

（8）在 37 ℃条件下，依次用 4×SSC 溶液冲洗 10～30 min，2×SSC 溶液（如为 RNA 探针则含 20 μg/mL RNase）冲洗 30 min，1×SSC 和 0.1×SSC 溶液分别冲洗 30 min。

（9）PBS 冲洗切片 2 次，每次 5 min。

（10）用 0.5％ H_2O_2 室温处理切片 30 min 后，切片再用用 1％ BSA 37 ℃孵育 30 min。

（11）切片滴加第一抗体 4 ℃孵育过夜，PBS 室温冲洗 4 次，每次 5 min。

（12）滴加第二抗体，37 ℃孵育 1 h 后，PBS 室温冲洗 3 次，每次 5 min。

（13）使用兔 PAP，37 ℃孵育 1 h 后，PBS 室温冲洗 3 次，每次 5 min。

（14）配置 DAB 显色液：用 PBS 配置含有 0.05％DAB 和

0.03% H_2O_2 的显色液，显色 5~10 min。

（15）PBS 室温冲洗 3 次，每次 5 min。若为漂浮切片，冲洗后将其重新贴于涂有黏附剂的载片上，晾干。再依次置于 70%、85%、95%、100%、100% 梯度的乙醇中脱水，最后空气干燥。

（16）配制乳胶：在暗室中按乳胶原液：0.6 mol/L 乙酸铵＝1：1 的比例混合。将乳胶涂于切片上，自然晾干后装入自显影暗盒。

（17）将暗盒置于 4 ℃进行切片曝光，曝光时长根据同位素而定（^{3}H 标记探针曝光时长为 4~8 周，^{35}S 标记探针为 1~4 周，^{32}P 标记探针为 7~10 天）。

（18）取出切片并覆以 D_{196} 显影液，20 ℃显影 5~10 min，显影后立即用自来水冲洗数秒。

（19）用 F_5 坚膜定影液处理切片 10 min，再用自来水冲洗 15 min。

（20）切片温箱烤干，脱水，透明，封片。

结果：蛋白质或多肽免疫反应阳性的细胞其细胞质为棕色，而其相应 mRNA 因银颗粒聚集显示为黑色。

二、非同位素原位杂交组织化学与免疫组织化学联合法

地高辛、生物素、溴、汞和碱性磷酸酶等标记的探针都属于非同位素标记探针，但目前非同位素标记探针常采用地高辛和生物素进行标记。非同位素原位杂交组织化学与免疫组织化学 PAP 法或 ABC 法联合使用，能成功显示一些神经肽 mRNA

和神经肽的共存与分布情况。

碱性磷酸酶抗地高辛抗体只有 Fab 段没有 Fc 段，而免疫细胞化学（ICC）所应用的抗体同时具有 Fab 段和 Fc 段（抗原决定簇在 Fc 段）。抗体结合时是通过第二抗体的 Fab 与第一抗体的 Fc 相结合，若第一抗体缺乏 Fc 段（如碱性磷酸酶抗地高辛抗体），第二抗体则无法与第一抗体结合。因此在 ISHH 和 ICC 抗体孵育时，可将检测核酸的抗地高辛抗体与检测蛋白质、多肽的兔抗血清混合，同时孵育切片而不会发生交叉结合。

地高辛标记探针的 ISHH 和 ICC 结合法稳定，实验周期短，显色反差强，是目前较好的 ISHH 与 ICC 结合法。详细步骤如下：

（1）漂洗器皿提前灭菌处理。

（2）切片置于 PBS（pH 7.2）溶液中冲洗 3 次，每次 5 min；用 0.1 mol/L 甘氨酸（PBS 配制）冲洗 5 min；再用 0.4% Triton X‑100（PBS 配制）处理 15 min。

（3）切片置于 1 μg/mL 的蛋白酶 K 溶液中，37 ℃孵育消化 30 min。

（4）4% 多聚甲醛固定 5 min，PBS 冲洗 2 次，每次 5 min，用 0.25% 乙酸酐处理 10 min，再用 2×SSC 溶液冲洗 10 min。

（5）用灭菌吸水纸吸干切片水分，然后滴加 15 μL 含探针的杂交液（核酸探针浓度为 0.25～0.5 μg/mL），覆上硅化盖片，43 ℃孵育 12～16 h。

（6）在 37 ℃条件下，依次用 4×SSC 溶液冲洗 30 min，

2×SSC 溶液（含 20 μg/mL RNase）冲洗 30 min，1×SSC 和 0.1×SSC 溶液分别冲洗 30 min。

（7）PBS 冲洗 3 次，每次 5 min，用 0.5% H_2O_2 室温处理切片 20 min，再用 PBS 冲洗 2 次，每次 5 min。

（8）配制碱性磷酸酶标记抗地高辛抗体（1:1000）与抗蛋白或多肽等抗体（因抗体而异）混合液。切片滴加抗体混合液，4 ℃ 孵育 24 h。注意：用含 1% BSA、0.4% Triton X-100 的 PBS 进行抗体稀释。

（9）PBS 室温冲洗 4 次，每次 5 min。

（10）第二抗体（1:100~1:200）37 ℃ 孵育 1 h，立即用 PBS 室温冲洗 3 次，每次 5 min。

（11）兔 PAP（1:100~1:400）37 ℃ 孵育 1 h，用 PBS 室温冲洗 3 次，每次 5 min。

（12）配制 DAB 显色液：用 PBS 配制含有 0.05% DAB 和 0.03% H_2O_2 的显色液，显色 5~10 min。

（13）PBS 室温冲洗 3 次，每次 5 min。

（14）配制 TSM1 溶液：0.1 mol/L Tris-HCl（pH 8.0），0.01 mol/L $MgCl_2$，0.1 mol/L NaCl。用 TSM1 溶液冲洗 3 次，每次 5 min。

（15）配制 TSM2 溶液：0.1 mol/L Tris-HCl（pH 8.0），0.01 mol/L $MgCl_2$，0.05 mol/L NaCl。用 TSM2 配制显色混合液：NBT（400 μg/mL）和 BCIP（200 μg/mL），切片滴加显色混合液，避光显色 1~3 h。

（16）用 20 mmol/L EDTA 终止显色。

（17）将切片贴于涂有铬矾明胶的载片上，空气干燥。

（18）切片脱水、透明、封片。

结果：若细胞的细胞质呈紫蓝色，表示该细胞 ISHH 阳性，提示细胞内含靶 mRNA；若细胞的细胞质呈棕色，表示该细胞 ICC 阳性，提示细胞内含靶多肽；若细胞的细胞质为蓝棕混合色，表示该细胞 ISHH 和 ICC 均阳性，提示细胞内靶多肽与靶 mRNA 共存。

（李　明　莫中成）

参考文献

[1] SUSTA L, TORRES-VELEZ F, ZHANG J, et al. An in situ hybridization and immunohistochemical study of cytauxzoonosis in domestic cats [J]. Veterinary Pathology, 2009, 46 (6): 1197 – 1204.

[2] CHVALA S, FRAGNER K, HACKL R, et al. Cryptosporidium infection in domestic geese (anser anser f. domestica) detected by in-situ hybridization [J]. Journal of Comparative Pathology, 2006, 134 (2 – 3): 211 – 218.

[3] KWON, D. Detection and localization of Mycoplasma hyopneumoniae DNA in lungs from naturally infected pigs by in situ hybridization using a digoxigenin-labeled probe [J]. Veterinary Pathology, 1999, 36 (4): 308 – 313.

[4] ZHANG X Y, LIU A P, RUAN D Y, et al. Effect of developmental lead exposure on the expression of specific NMDA receptor subunit mRNAs in the hippocampus of neonatal rats by digoxigenin-labeled in situ hybridization histochemistry [J]. Neurotoxicology & Teratology,

2002，24（2）：149－160.

[5] FALLERT B A，REINHART T A. Improved detection of simian immu-node-ficiency virus RNA by in situ hybridization in fixed tissue sections：combined effects of temperatures for tissue fixation and probe hybridization［J］. Journal of Virological Methods，2002，99（1－2）：23－32.

[6] QUIRING R，WITTBRODT B，HENRICH T，et al. Large-scale expression screening by automated whole-mount in situ hybridization［J］. Mech Dev，2004，121（7－8）：971－976.

[7] COWLEN M S，ZHANG V Z，WARNOCK L，et al. Localization of ocular P2Y2 receptor gene expression by in situ hybridization［J］. Experimental Eye Research，2003，77（1）：77－84.

[8] RIEDL T，FAURE-DUPUY S，ROLLAND M，et al. HIF1α-mediated RelB/APOBEC3B downregulation allows Hepatitis B Virus persistence［J］. Hepatology（Baltimore，Md），2021，74（4）：1766－1781.

[9] ZHU Y，SHARP A，ANDERSON C，et al. Novel junction-specific and quantifiable in situ detection of AR-V7 and its clinical correlates in meta-static castration-resistant prostate cancer［J］. European urology，2018，73（5）：727－735.

[10] ZHANG L P，YU H，BADZIO A，et al. Fibroblast growth factor receptor 1 and related ligands in small-cell lung cancer［J］. Journal of thoracic oncology：official publication of the International Association for the Study of Lung Cancer，2015，10（7）：1083－1090.

[11] Darby IA. In situ Hybridization Protocols. second edition. New Jersey：Humana，2000.

[12] 谢克勤. 酶组织化学与免疫组织化学原理和技术［M］. 济南：山东大

学出版社，2014.

[13] 肖一红，孟庆文，吴东来. 原位杂交组织化学技术中信号扩增的研究进展 [J]. 动物医学进展，2006，27 (1)：21-24.

[14] 向正华，刘厚奇. 核酸探针与原位杂交技术 [M]. 上海：第二军医大学出版社，2001.

第六章　免疫电镜技术

免疫电镜技术为在细胞水平上研究免疫反应做出了贡献，但由于光学显微镜分辨率的限制，不可能从细胞超微结构水平观察和研究免疫反应。因此，Singer 于 1959 年首先提出用电子密度较高的物质铁蛋白标记抗体的方法，为在细胞超微结构水平研究抗原抗体反应提供了可能。在此基础上，相继发展了杂交抗体技术、铁蛋白-抗铁蛋白复合物技术、蛋白 A-铁蛋白标记技术、免疫酶标技术及胶体金银技术等。

第一节　电子显微镜技术

电子显微镜（electron microscopy，EM）简称电镜，可分为透射电镜（transmission EM，TEM）、扫描电镜（scanning EM，SEM）、电子探针显微分析仪（electron probe microanalyzer）、高压电镜（ultrahigh pressure EM）、冷冻电镜（cryo EM）以及冷冻蚀刻电镜等。电镜具有高分辨率（0.14 μm）的特点，是生命科学研究的重要工具，在组织细胞的超微结构、蛋白质与核酸的亚细胞分布与功能等方面具有不可替代的作用。

第二节　免疫电镜术

免疫电镜术（immunoelectron microscopy，IEM）是免疫组织化学技术与电子显微镜结合的技术。它是根据抗原与抗体特异性结合的原理，利用高电子密度的标记物标记抗体或用经免疫组织化学反应能产生高电子密度的标记抗体，在超微结构水平对抗原进行定性、定位的技术方法。Singer 于 1959 年首先建立了用电子密度较高的铁蛋白标记抗体的方法，可对细胞表面的抗原进行超微结构定位，为免疫电镜术的发展奠定了基础。1966 年，Nakane 与 Pierce 建立了过氧化物酶标记的免疫电镜技术，可在超微结构水平定位细胞内抗原。在此基础上，Sternberger 等于 1970 年建立了过氧化物酶-抗过氧化物酶抗体复合物法（PAP 法）；Faulk 和 Taylor 建立了胶体金标记抗体的方法，极大地推动了免疫电镜术的发展与应用。本章节主要介绍免疫酶标记、胶体金标记、凝集素标记等免疫电镜术，由于大量的固定、包埋、切片和染色方法可应用于超微结构免疫染色，而鉴于篇幅所限，本章节只进行大概的描述，更多详细信息，读者可查阅本章末相关参考文献。

一、组织取材与固定

与常规电镜技术取材要求相比，光镜免疫组织化学技术常用表面活性剂处理样品，以增加细胞膜对抗体的通透性，获得最佳染色效果；而免疫电镜术要求更好的固定组织，保持细胞膜结构的完整性。因此免疫电镜术的取材要求更迅速、更精细，与电镜酶细胞化学标本制备相似，既要保存良好的细胞超微结构，又要保持组织的抗原性。所以固定剂不能太强也不能太弱。强固定剂有利于细胞超微结构的保存，但易导致抗原性显著减弱；而弱固定剂虽能较好地保存细胞的抗原性，但会导致超微结构的保存较差。因此，选用固定剂不宜过强，应选用较温和的固定剂。常用的免疫电镜固定剂有过碘酸-赖氨酸-多聚甲醛（periodate-lysine-paraformaldehyde，PLP）液和2%多聚甲醛-0.5%戊二醛混合液。PLP常用于包埋前染色，该固定液对含糖类丰富的组织固定效果佳，对超微结构及许多抗原活性的保存均较好。因为组织细胞抗原绝大多数由蛋白质和糖类两部分组成，抗原决定簇位于蛋白部分。PLP中的过碘酸能氧化糖类，使其中的羟基转变为醛基，赖氨酸的双价氨基与醛基结合从而把抗原交联起来，这样既稳定了抗原，又不影响抗原表位与抗体的结合。低浓度的多聚甲醛则能稳定蛋白质和脂类。但赖氨酸较贵，而多聚甲醛-戊二醛固定液相对经济简便，效果也较理想。

二、免疫电镜标本的染色

（一）免疫染色

免疫电镜术与光镜免疫细胞化学染色方法的原理和试剂准备基本相同。这里仅介绍免疫电镜的几种染色方法，包括包埋前染色、包埋后染色和冰冻超薄切片免疫染色3种。

1. 包埋前染色　即在常规电镜环氧树脂包埋处理前先进行免疫组织化学染色。免疫染色结束后，在立体显微镜下将免疫反应阳性部位取出，修整成 $2\sim4$ mm² 大小的组织块，再按常规电镜标本制作方法处理，依次经戊二醛再固定、锇酸后固定、脱水、环氧树脂浸透、包埋、超薄切片和电镜观察等。如果只观察特定部位的免疫反应或特异性免疫反应的范围太小，为准确定位，可做第二次包埋，即第一次包埋时将已行免疫反应的组织置于两层耐高温的塑料膜之间（类似夹心面包，中间夹环氧树脂），经高温聚合后，在立体显微镜下取出需要的阳性部位做第二次包埋，或将取出的阳性部位用强力快干胶粘在已聚合的包埋剂块上供切片观察。包埋前染色的组织以中间部位的结构较为理想，而表层和周边组织因受机械修整等的影响，超微结构往往保存不理想。为提高阳性反应检出率，超薄切片制作前，可先制作半薄切片并在相差显微镜下不染色进行观察定位。为避免超薄切片电镜染色所用的铅、铀染色反应与免疫染色之间的结果混淆，影响结果判定，可用两个铜网分别捞取连续切的两张超薄切片，一张直接不染色观察，另一张电子染色后观察，对比观察分析阳性反应结果。

包埋前染色法的主要优点：①因组织细胞免疫染色前未经四氧化锇（OsO_4）后固定、脱水及树脂包埋等常规处理过程，故组织细胞的抗原性保存相对较好，易于获得较好的免疫染色效果。②可在光镜下挑选免疫反应阳性部位定位制作超薄切片，有利于提高电镜的观察效率。虽然因为免疫染色的影响，常导致一定程度的超微结构损伤，但此染色方法特别适于抗原含量较少的组织细胞。

包埋前染色法的主要缺点：细胞膜相对完整，受抗体穿透性的限制，组织深层细胞内抗原难以标记。

2. 包埋后染色　又称载网染色，即组织标本经固定、脱水、树脂包埋及超薄切片后贴在载网上进行免疫组织化学染色。包埋后染色多用胶体金标记的抗体进行。值得注意的是，关于后固定步骤中是否使用 OsO_4 存在不同意见。不少研究表明在制备包埋后染色标本时，不用 OsO_4 固定或缩短后固定时间可以产生更好的免疫染色结果。另外，因免疫染色是将超薄切片贴在载网上进行，而铜网易与化学物质发生反应，故需要选用镍或金作为捞网，且在免疫染色全过程中注意保持载网湿润，避免干燥。

包埋后染色法的主要优点：组织细胞超微结构保存较好；方法简便；阳性结果可重复性好，可信度高等；可对同一组织块的连续切片进行其他抗原的免疫标记，能更准确地解释免疫标记结果；还能在同一张切片上进行多重免疫染色。

包埋后染色法的主要缺点：抗原活性在电镜生物样品处理过程中可能减弱甚至丧失；环氧树脂中的环氧基，在聚合过程中可能与组织成分发生反应而改变抗原性质；被包埋在包埋剂中的组织不易进行免疫反应等。

针对目前情形，应用无水乙醇或 NaOH 饱和溶液等处理超薄切片，可减少或除去组织细胞内的包埋剂，有利于获得较好的染色效果。另外，在免疫染色前用 H_2O_2 水蚀刻数分钟可去除锇和增强树脂的穿透性。

3. 冰冻超薄切片染色　将新鲜组织或轻度固定的组织置于 2.3 mol/L 蔗糖液 3～5 h，液氨速冻，冰冻状态下利用冰冻超薄切片机制备超薄切片（70～100 nm）。冰冻超薄切片无需经固定、脱水和包埋等处理而直接进行免疫染色，所以组织细胞的抗原性保存较好，兼有包埋前和包埋后染色的优点。但冰冻超薄切片制作难度大，技术熟练程度要求高，而且需要特殊的仪器，普及推广难度比较高。

（二）包埋

1. 环氧树脂包埋　普遍采用的包埋方法，可用于包埋前染色和包埋后染色的标本处理。

（1）包埋后染色：通过将一定大小的组织片（免疫染色的切片）或未染色的组织块直接脱水，环氧树脂包埋后，制作超薄切片，进行包埋后染色，再经常规电镜样品制备处理。

（2）包埋前染色：将染色后的切片贴在载玻片上，然后将充满环氧树脂的硅胶囊倒置于切片上聚合，原位包埋，类似于贴壁培养细胞的常规电镜处理。

2. 低温包埋　环氧树脂包埋需高温聚合，这样容易使组织细胞的抗原性丢失，因此在免疫电镜技术中使用低温包埋剂成为行之有效的方法。20 世纪 80 年代免疫细胞化学技术在电镜中的广泛应用极大地加速了低温包埋剂的研究进展。常用低温包埋剂多为乙烯系化合物（如 Lowicryls、LR White 和 LR Gold 等），多用于胶体金或铁蛋白免疫电镜技术的包埋后染色，可以检出环氧树脂包埋难以检出的多种抗原。

（1）Lowicryls：包括 K4M、K11M、KM23 等，是丙烯酸

盐和甲基丙烯酸盐化合物,其在低温下(K4M:-35 ℃; K11M 和 KM23:-80 ℃~-60 ℃)仍可保持低黏度,经紫外线(波长 360 nm)照射后可聚合,且这种光聚合作用与温度高低无关。但是,为保持该包埋剂的低黏稠度,以利其向组织细胞内渗透,故常在低温下紫外照射聚合。在这些低温包埋剂中,K4M 和 K11M 具有亲水性,可以较好地保持组织细胞的微细结构和抗原性,特别适于免疫细胞化学染色,且背景染色低,是超微结构定位组织细胞抗原的良好包埋剂;KM23 具有疏水性,图像反差好,较适于扫描电镜和透射电镜的暗视野观察标本制作。

下面以 K4M 为例介绍此类包埋剂的应用:

1)包埋剂的配制:包埋剂由单体、交联剂和引发剂三部分组成,通过调整单体和交联剂的比例可制备软硬度合适的包埋块(为减少影响紫外线的吸收,包埋时多用硅胶囊代替橡胶或塑料制品)。具体配制比例如表 6 - 1 所示。

表 6 - 1 包埋剂不同配制比例

包理剂	比例			
K4M	8.65 g	17.30 g	25.95 g	34.6 g
交联剂	1.35 g	2.70 g	4.05 g	5.40 g
引发剂	0.05 g	0.10 g	0.15 g	0.20 g
合计	10.05 g	20.10 g	30.15 g	40.20 g

往置于天平上的玻璃烧杯内按顺序依次加入包埋剂,用玻璃棒轻轻搅动 3~5 min,切忌产生气泡而影响包理效果。

2)包埋:标本依次经 65%乙醇脱水(0 ℃,1 h),80%

乙醇脱水（−25℃，2 h），比例分别为 1∶1 和 2∶1 的 K4M 包埋剂/80%乙醇混合液分别浸透（−25℃，1～2 h），纯 K4M 包埋剂浸透（−25℃，2 h），更换纯 K4M 包埋剂再次浸透（−25℃，过夜）。第 2 天将新鲜配制的包埋剂置于包埋模具内，然后轻轻移入组织，距标本 30～40 cm 紫外线灯（波长 360 nm）照射 24 h（−25℃），使之聚合。为增加硬度以利于超薄切片，聚合后的胶囊可继续移至室温紫外线灯照射 2～3 天。另外，为节省实验时间，也可仅在低温下进行聚合步骤，其余在 4℃或室温进行。

3）免疫细胞化学染色：将制作的超薄切片（60～80 nm）贴于镍网上，自然干燥，继之于湿盒内进行包埋后免疫染色（室温），用金标记抗体或铁蛋白标记抗体作为第二抗体。必要时可用 1% OsO_4 后固定 30 min（室温），以增强切片的反差。

（2）LR White 和 LR gold：两者均为透明树脂，是一种黏度非常低的混合丙烯酸单体，具有较强的亲水性，故穿透性较强，有利于抗体和其他化学物质进入 LR 树脂内，与组织细胞抗原结合。因该类树脂具有良好的亲水性，所以，标本可不用完全脱水，至 70%乙醇即可直接进行 LR 树脂包埋，有利于保持组织细胞的抗原性。LR White 可在高温（60 ℃）和低温（−25 ℃）两种情况下聚合，前者聚合 24 h，后者在加速剂作用下聚合 48 h，样品处理和免疫染色同 Lowicryls 包埋剂。LR gold 是一种由光引发的低温聚合（−25 ℃）包埋剂，因聚合后呈金黄色而得名。该树脂能最大限度地保持组织细胞的抗原性，特别适于免疫电镜的抗原定位研究。

Lowicryl 和 LR 等低温包埋剂均需低温暗处（－20 ℃）保存，有一定的刺激性，需在通风橱内戴手套配制。如不慎接触或溅入眼睛应立即流水冲洗。

（三）免疫电镜术存在的问题

要成功在超微结构水平进行免疫标记观察，必须克服一些技术难题。这其中包括与光学显微镜免疫染色方法类似的，也有电子显微镜所特有的。

1. 与光学显微镜免疫标记相似，IEM 中所用的第一抗体（或第二抗体/与其直接反应的第三方试剂）必须以某种可以让它们显现的方式被标记。对 IEM 而言，这意味着需要用金属（或含有金属的物质）对它们进行标记，从而能够全部或部分阻碍电子流。胶体金是最常用的选择，还有其他的一些选择，比如铁蛋白和含铁的聚合物等。在光学显微镜免疫组织化学中常用的辣根过氧化物酶亦可应用于超微结构的免疫标记。虽然此酶和它所催化的反应产物是低电子密度的，但是反应产物可以用重金属染色，从而对超微结构进行观察。

2. 固定（保留超微结构所必须）对许多组织细胞抗原表位完整性的破坏作用。对 EM 而言，相较光学显微镜免疫标记，这是一个尤为复杂的问题。如果样本固定不够，会导致超微结构的细节在光学显微镜水平检测的失败。然而，固定过度又容易丢失抗体与超薄切片的反应度，可能导致抗原表位稀疏和免疫标记反应微弱。

3. 在环氧树脂中进行传统的样本包埋存在一个 EM 所特有的问题。传统的包埋方法光学显微切片中的石蜡可以用有机溶剂去除，进而用水样缓冲液替换，但是 EM 超薄切片中的聚合树脂却在后续的步骤一直存在，严重限制抗体与抗原决定簇的结合。虽然可以通过切片蚀刻技术来暴露组织细胞抗原，但是这些方法一般破坏力非常大，很有可能损伤抗原的反应表位。另外，标准的石蜡切片中抗原热修复方法已经作为一种包埋后方法在 IEM 中得到了成功应用。在某些情况下，不用借助切片蚀刻技术，亲水性树脂可以替换环氧树脂成功进行免疫标记。

4. 在光学显微镜水平，固定和组织包埋导致的抗原表位损伤均可由不需固定的冰冻切片技术所克服（虽然此方法会导致切片部分组织细节的丢失）。虽然需要大量的技术和特殊的设备，冰冻切片方法仍然是 IEM 的一块基石。然而，与光学显微镜的冰冻切片不同，超微组织切片的制备，需要一定程度的不会造成不可接受的超微结构缺失的组织预固定。此步骤所用的固定剂常比传统 EM 所用的试剂要温和，降低抗原表位的损伤。另外一种回避固定和包埋导致的损伤和抗原表位隔离的方式就是在这些步骤之前完成免疫标记。除非应用特异的透化技术，此方法仅限于目标抗原位于标记对象的表面。在包埋和制备显示样本标记表面的过程中必须谨慎。

5. 最后一个 IEM 特有的问题就是超微结构的组织块与切片的小尺寸。传统环氧树脂包埋的组织样本最大的是各个方向不超过 1 mm，超薄冰冻切片术的冰冻组织块一般更小。对分布均匀的样本这一般不是问题（比如由分布一致的细胞悬液制成的包埋小块或者像肌肉一样具有相对一致结构的组织），但是对复杂的、非均一分布的样本则会导致相当大的困难（如肾脏或肝组织），这些组织中感兴趣部分的结构（如肾小球或门管区）可能只代表整个组织的一小部分。针对这个问题，传统方式就是通过制备多个组织块和利用光学显微镜半薄切片"勘探式"检测挑选含有兴趣特征的组织块。虽然这个方法可以用于 IEM，但是却费时费力。

（四）对照实验

电镜免疫染色技术亦需进行对照实验以确定染色的特异性，所用方法与光镜免疫组织化学染色基本相同。

第三节　胶体金标记免疫电镜术

一、原理

胶体金标记抗体技术建立于 20 世纪 70 年代初，因胶体金液呈樱桃红色，故标记抗体后进行免疫染色可直接光镜观察。金颗粒的电子密度相当高，在电子束照射下产生强烈的电子散射（电子极少透过），故能在电镜下清晰可辨。因此，将胶体金标记抗原或抗体后，可用于免疫电镜对组织细胞特定抗原进行定性、定位或定量研究。近年来该技术被广泛应用于生物学和医学各领域的电镜研究。自 20 世纪 80 年代开始，有取代免疫酶细胞化学电镜技术的趋势。目前，国内外已有不同直径的金颗粒标记的各种间接抗体（第二抗体）商品出售，可直接购买。

该技术的主要优点：①省时，操作流程较酶标抗体法简单。②不需甲醇/H_2O_2等处理，对组织细胞超微结构保存较好。③金颗粒电子密度高，电镜下容易识别，且易于同其他免疫反应产物区别。④可与酶标抗体或铁蛋白标记抗体等相结合进行双标记染色，研究两种不同抗原在超微结构水平的定位；可用不同直径的金颗粒标记不同的抗体，研究两种以上抗原的共存。⑤因抗原抗体反应部位结合金颗粒数量的多少与抗原的量呈正相关，故可用于组织细胞抗原的半定量分析。⑥将胶体金标记的第一抗体直接加入培养液中，利用培养细胞具有吞饮作用的特点，可进行培养细胞内的抗原定位研究。⑦金颗粒具有较强激发电子能力，故也可用于扫描电镜对细胞表面抗原或一些受体的定位观察。⑧胶体金液无毒，对人体亦无损伤。因此，胶体金标记抗体染色技术是目前免疫电镜术最常用的理想染色方法。

二、电镜标本的制备及检测

（一）免疫胶体金电镜染色方法

免疫胶体金电镜染色常用间接染色，可分包埋前和包埋后两种染色方法。前者因细胞膜阻碍标记抗体的穿透性，故适于细胞表面抗原的显示，后者既能标记细胞表面的抗原，也能很好地显示细胞内抗原。故包埋后染色更常用。

1. 包埋前免疫胶体金电镜染色　主要用于培养细胞的一些抗原显示。标本取材固定按免疫电镜要求进行。

（1）组织或器官冰冻切片置于涂抹有黏附剂的干净载玻

片，而培养细胞经收集离心后制成涂片。另外，冰冻切片亦可进行漂浮染色。

（2）PBS 漂洗 3 次，每次 5～10 min。

（3）1% BSA 或羊血清（1∶50）室温孵育 20～30 min。

（4）将切片与第一抗体先于 4 ℃孵育 24～48 h，再室温孵育 1～3 h，以使抗体充分渗透组织并结合抗原。

（5）重复步骤（2）1 次。

（6）将切片置于含 1% BSA 的碱性 PBS 环境中（pH 8.2），然后用碱性 PBS 稀释的（1∶50，pH 8.2）胶体金标记第二抗体，室温孵育 20～30 min。

（7）双蒸水洗 3 次，每次 5 min。如进行双标记免疫染色，则用 PBS 漂洗，并重复步骤（2）～（6），将切片置于碱性环境中（pH 8.2）。

（8）为提高固定效果、增强电子密度，第二抗体孵育后最好用 1% OsO_4 后固定 30～60 min。

（9）按照常规电镜标本制作方法进行系列乙醇或丙酮脱水、环氧树脂包埋、半薄切片定位，制作超薄切片、电子染色等处理后进行电镜观察。

2. 包埋后免疫胶体金电镜染色　本方法 PBS 漂洗和染色程序与包埋前染色步骤大体相同，在第一抗体孵育与染色后固定等步骤存在差异，具体步骤如下：

（1）按包埋后染色要求将常规包埋或低温包埋的组织标本进行超薄切片（50～70 nm），并将切片载于镍网或金网上。经环氧树脂包埋或 OsO_4 后固定的组织需用 H_2O_2 蚀刻，以增加抗体的通透性和组织细胞内的抗原暴露。方法：将 1% H_2O_2（数滴）滴于蜡板上，镍网的载切片面向下轻轻浮于液滴表面或置于液滴内 10 min。低温包埋的组织标本可省略此步骤。

（2）PBS 漂洗 3 次，每次 5～10 min。

（3）1% BSA 或羊血清（1∶50）室温孵育 20～30 min。

（4）将切片与第一抗体先于 4 ℃孵育 12～24 h，再室温孵育 1 h，使抗体充分渗透组织并结合抗原。

（5）重复步骤（2）1 次。

（6）将载物网置于含 1% BSA 的碱性 PBS 环境中（pH 8.2），然后用碱性 PBS 稀释的（1∶50，pH 8.2）胶体金标记第二抗体，室温孵育 20～30 min。

（7）pH 8.2 的 PBS 漂洗后再用双蒸水洗 3 次，每次 5 min。如进行双标记免疫染色，则用 PBS 漂洗，并重复步骤（2）～（6），将切片置于碱性环境中（pH 8.2）。

（8）直接或经电子染色后进行电镜观察，方法与常规电镜操作相同。

（二）双标免疫胶体金电镜技术

与上述免疫胶体金电镜染色方法相比，本方法通过利用不同直径的两种胶体金颗粒分别标记两种不同的第二抗体，然后在电镜下进行两种不同抗原的亚细胞定位。

本染色方法主要采用包埋后间接染色，与显示单一抗原的操作步骤基本相同。在第一抗体染色后，再重复上述染色过程显示另外一种抗原成分，该方法称单面分别标记法。此方法的缺点是第一次标记反应可能对第二次标记反应具有空间阻隔效应，会降低第二次标记效率。现在有人用不同直径的金颗粒分别标记两种第二抗体，于载网的两面分别进行免疫染色，称双面分别标记法。该方法的优点是两种第一抗体可以是同属的，还可防止第一次标记对第二次标记的影响。须注意的是，本方法首先须获得拟研究的两种抗原的特异性抗体，以及用两种不同直径胶体金颗粒标记的第二抗体，然后在一张载物网上同时或分别显示细胞内两种抗原的分布部位。另外，为节省实验操作时间、简化操作流程、减少重复染色导致的可能污染，亦可分别将两种不同种属来源的特异性抗体（第一抗体）和不同直径胶体金颗粒标记的相应第二抗体混合后直接孵育，此方法称混合抗体标记法。该方法将 4 步反应减少为 2 步反应，节约了时间，减少重复染色带来的污染。但当两种抗原的含量相差悬殊时，双标效果会不甚理想。

为获得最佳染色结果，实验过程中应尽量使用高特异性和高亲和力的抗体，且被检组织或细胞需含一定量的抗原。若抗原太少，则难以被抗体标记。另外，漂洗是否彻底亦是决定实验成功的关键因素之一。实验所用各种器皿应保持清洁，所用各种液体用微孔滤器（0.22 μm）滤过。

（三）免疫胶体金-银电镜技术

免疫胶体金-银法染色（immune gold-silver staining，IGS）技术是 20 世纪 80 年代 Holgate 结合免疫金染色和银显影方法而建立的一种新型检测技术，可用于电镜包埋前染色。其基本原理是先用免疫胶体金染色标记组织细胞抗原，然后进行物理显影。通过免疫反应沉积在抗原部位的胶体金颗粒，可催化显影剂中的对苯二酚将银离子（Ag^+）还原成银原子（Ag），后者被吸附而围绕金颗粒形成一个"银壳"。"银壳"具有催化作用，可进一步还原银离子，如此导致"银壳"不断增大，进而使抗原位置变得清晰，抗原信号得以放大。光镜下则可清楚的见到阳性反应部位呈棕黑色。因金颗粒和周围的"银壳"电子密度高，敏感性也高，电镜下易于识别，故特别适合免疫电镜的抗原研究，此法亦是最为敏感的细胞化学方法之一。

1. 优点　①形成的金银颗粒电子密度高、反差强、敏感度高。②可在立体显微镜下挑选阳性部位，结合半超薄切片能明显提高工作效率，特别适用于抗原含量少的组织细胞的免疫电镜研究。

2. 缺点　①操作较烦琐，显影处理需在暗室进行。②增加包埋前免疫染色处理易导致非特异性着色。③单个金颗粒周围结合的银粒子不甚牢固，漂洗等处理过程易导致其脱落。④银等废液易污染环境。

3. IGS 染色主要的操作流程如下：

（1）组织固定后经梯度浓度（5％、10％和20％）蔗糖溶液处理制作冰冻切片（10～30 μm）。

（2）用含1％ BSA 或1％正常羊血清的 PBS 室温孵育切片 20 min 以封闭抗体非特异性结合部位。

（3）再用含1％氢硼化钠的 PBS 孵育 20 min。

（4）将切片与第一抗体先于 4 ℃孵育 12～18 h，然后再室温孵育 1 h，以使抗体充分渗透组织并结合抗原。

（5）PBS 漂洗 3 次，每次 5 min。

（6）将切片置于 0.1％的 BSA/PBS 碱性液（pH 8.2）中漂洗 5 min，为胶体金结合提供碱性环境。

（7）用碱性 PBS 稀释的（pH 8.2）胶体金标记第二抗体室温孵育 30～45 min，这里须摸索实验最佳稀释度。双蒸水漂洗 3 次，每次 5 min。

（8）硝酸银溶液避光处理 2～10 min，根据实验结果确定显影时间。

硝酸银溶液：双蒸水 60 mL，枸橼酸缓冲液 10 mL，对苯二酚 1.0 g 溶于 30 mL 双蒸水。三者混合完全溶解后，用前加入硝酸银液 2.0 mL 混匀。

枸橼酸缓冲液：枸橼酸（$C_6H_8O_7H_2O$）25.5 g，枸橼酸三钠（$NaC_6H_5O_72H_2O$）23.5 g，双蒸水溶解，定容至 100 mL。

（9）立体显微镜下选取免疫反应阳性部位，1％ OsO_4 后固定 30 min，双蒸水漂洗。

（10）组织标本的脱水、树脂包埋、超薄切片制作以及电镜观察等方法同前述。

第四节　铁蛋白标记免疫电镜术

一、原理

铁蛋白是一种分子量为 460 kD 的含铁（约23％）蛋白质，直径 10～12 nm，含有多个致密铁离子核心。目前常用的间接免疫染色技术是通过低分子量的双功能试剂将铁蛋白与第二抗体相连来制备标记抗体。该复合物既保留了抗体的免疫活性，又因铁蛋白的致密铁离子核心形成的 4 个圆形致密区而具有较高的电子密度，电镜易于观察。目前铁蛋白标记的多种间接抗体（第二抗体）已商品化，该方法得到越来越广泛的应用。

二、电镜标本的制备及检测

（一）固定

为保存组织细胞的超微结构，在 4 ℃用 4% 多聚甲醛/0.5% 戊二醛（pH 7.2）液固定，然后用 0.2% OsO_4 后固定。不用或缩短 OsO_4 后固定时间，可改善固定效果。

因为铁蛋白标记的抗体分子量较大，所以一般适合于细胞表面抗原的定位分析。而对细胞内抗原的定位则需进行增强其标记抗体通透性的适当处理，常用操作方法如下：

1. 冰冻切片法　固定的组织经 5% 蔗糖脱水、液氮速冻、冰冻切片（10～15 μm）、PBS 漂洗后直接进行包埋前免疫染色（如前述），然后按常规电镜样品处理。

2. 冻融法　组织或细胞固定后液氮速冻，然后室温迅速融化使细胞膜破裂。但本方法对组织细胞超微结构的保存效果不甚理想。

（二）免疫染色

以间接包埋前染色居多，其中孵育均在湿盒中进行，一般操作流程如下：

1. 将组织标本进行冰冻切片（10～15 μm）。

2. 漂洗后 1% BSA 室温孵育 15 min。

3. 第一抗体 4 ℃孵育过夜或室温孵育 30～60 min。

4. 预冷的 PBS 漂洗 3 次，每次 3～5 min。

5. 铁蛋白标记的第二抗体室温孵育 30～45 min。

6. 漂洗，戊二醛固定 1 h。

7. 漂洗，4 ℃ 1% OsO_4 后固定 15～30 min。

8. 脱水、包埋、超薄切片以及电镜观察等与常规电镜技术相同。

第五节　过氧化物酶标记免疫电镜术

一、原理

过氧化物酶标记免疫电镜术是利用抗原与抗体特异性结合的原理，以酶作为抗原抗体反应的标记物，酶催化相应的底物，在抗原-抗体反应部位形成不溶性的反应产物。在超微结构水平上定位、定性及半定量抗原的技术方法。将酶与抗体相交联，抗原-抗体反应后，加底物显示酶的活性部位，酶反应产物经 OsO_4 处理变为具有一定电子密度的锇黑，可在电镜下观察。辣根过氧化物（HRP）是目前应用最多的酶标记物。具有稳定性强和酶反应特异性高等优点。过氧化物酶的分子量较小，与其交联的抗体较易穿透经处理的细胞膜，可用于细胞内抗原的定位。该方法为精确定位各种抗原的存在部位、研究细胞结构与功能的关系及其在病理情况下所发生的变化提供了有效的手段。

二、电镜标本的制备及检测

免疫酶电镜术主要用于包埋前染色。

（一）培养细胞的免疫酶标抗体染色法

1. 0.1 mol/L PB（pH 7.2）配制的 4%多聚甲醛- 0.1%戊二醛，原位固定贴壁细胞，4 ℃ 1 h。

2. 2% H_2O_2/甲醇处理（可省略），室温放置 20 min，封闭内源性过氧化物酶活性。

3. PBS 漂洗后，1% BSA 室温孵育 15 min。

4. 第一抗体室温孵育 3 h 或 4 ℃孵育过夜。

5. PBS 充分漂洗后，HRP 或生物素标记的第二抗体室温孵育 30～60 min，如系生物素标记的第二抗体，反应后则需进一步按 ABC 法要求操作。

6. PBS 漂洗后，1%戊二醛 0.1 mol/L PB 配制固定 30～60 min，PBS 漂洗。

7. 呈色反应　0.03%～0.05% DAB，0.01% H_2O_2/0.05 mol/L Tris-HCl（pH 7.6）显色，适时终止反应，PBS 漂洗。

8. 1% OsO_4 后固定 30～60 min。

9. 样品的脱水、原位包埋、超薄切片制作及电镜观察等与常规电镜相同。

（二）组织切片的免疫酶标抗体染色法

1. 0.1 mol/L PB 配制的 4%多聚甲醛- 0.1%戊二醛固定

的组织置 15%～20% 蔗糖 PBS 中漂洗，4 ℃过夜或组织块下沉至杯底。

2. 制作 30～40 μm 厚的振动切片或冰冻切片，PBS 漂洗。

3. 2% H_2O_2 甲醇室温处理 20 min，封闭内源性过氧化物酶活性。

4. 1% BSA 室温孵育 15 min。

5. 第一抗体 4 ℃孵育 12～24 h，PBS 漂洗。

6. HRP 或生物素标记的第二抗体室温孵育 30～60 min，如系生物素标记的第二抗体，反应后则需进一步按 ABC 法要求操作。

7. 呈色反应　0.03%～0.05% DAB，0.01% H_2O_2，0.05 mol/L Tris-HCl（pH 7.6）显色，适时终止反应，PBS 漂洗。

8. 1% 戊二醛 0.1 mol/L PB 配制固定 15～30 min，4 ℃，PB 充分漂洗。

9. 样品的锇酸后固定、脱水、包埋、超薄切片制作及电镜观察等处理与常规电镜相同。

第六节　凝集素标记免疫电镜术

一、原理

凝集素是一种无免疫原性蛋白质，分子量为 11 000～335 000，可从植物或动物中提取，具有凝集红细胞的特性，故又称植物血凝素。凝集素能特异地与糖蛋白中的糖基反应。糖蛋白广泛分布在细胞壁、细胞表面、细胞内各种亚细胞膜囊的游离面以及上皮细胞之间，在生命活动中具有重要功能。由于凝集素能识别糖蛋白与糖多肽中的糖类，且这种结合具有糖基特异性，因此，利用凝集素亲和层析已成为近年分离纯化糖蛋白的重要手段。凝集素具有多价结合能力，能与多种标记物结合，可作为组织化学的特异性探针，在光镜或电镜水平显示其结合部位，从而广泛用于糖蛋白的性质、分布以及正常细胞更新过程中糖蛋白变化的研究。目前已发现 100 余种凝集素，但能用于组织化学的仅有 40 种左右，其中大部分来源于植物细胞，少部分来自动物细胞。

二、电镜标本的制备及检测

近年来，凝集素标记免疫电镜技术应用日益广泛，且获得较为满意的效果。凝集素标记免疫电镜技术方法较多，常用的有凝集素-酶（常用为 HRP）、凝集素-生物素-酶电镜标记技术。

凝集素-酶电镜标记技术（包埋前染色）简介如下。

1. 固定　常用为 PLP 或多聚甲醛-戊二醛固定液。如为取脑组织，可将已灌注动物在 4 ℃过夜，次日取脑组织置 0.1 mol/L 磷酸或二甲胂酸钠缓冲液（含 7.5％蔗糖）中漂洗。

2. 振动切片机切 60 μm 的厚片。

3. 切片孵育在 PBS（内含 0.1 mol/L $CaCl_2$、$MgCl_2$ 和 $MnCl_2$）10 min（有学者主张此步可省略）。

4. 为增强细胞通透性，切片可孵育于含 0.1％胰蛋白酶和 0.1 $CaCl_2$ 水溶液中，pH 7.8，37 ℃孵育 30 min。

5. PBS 洗 3 次，每次 2 min。

6. 凝集素‐HRP 1∶10 在 PBS 中（含 0.1％ Triton X‐100）4 ℃过夜，不断轻轻振荡。

7. PBS 洗 3 次，每次 2 min。

8. DAB‐H_2O_2 显色。

9. 1％OsO_4 水溶液固定。

10. 系列乙醇脱水，EPON 包埋，切片。

11. 电镜铅‐铀双染观察。

凝集素常呈高电子密度沉积在细胞膜上，易与电子染色相区别。

（李素云　何伟国）

参考文献

[1] POLAK J M, VARNDELL I M. Immunolabelling for Electron Micr-oscopy [M]. New York：Elsevier，1984.

[2] GRIFFITHS G, Fine structure immunocytochemistry [M]. Berlin：Springer-Verlag，1993.

[3] HAYAT M A. Colloidal gold：principles, methods, and applications [M]. Vols. 1‐3, San Diego：Academic Press，1989.

[4] HAYAT M A. Microscopy, immunohistochemistry, and antigen re-trieval methods for light and electron microscopy [M]. New York：Klu-wer Academic/Plenum Publishers，2002.

[5] MOREL G. Hybridization techniques for electron microscopy [M]. Boca

Raton：CRC Press，FL，1993.

[6] KOK L P, BOON M E. Microwave cookbook for microscopists，Art and Science of Visualization ［M］. 3rd ed. Leiden：Coulomb Press Leyden，1992.

[7] 李和，周莉. 组织化学与免疫组织化学 ［M］. 北京：人民卫生出版社，2021.

[8] 王石麟. 免疫过氧化物酶标记电子显微镜技术及其应用 ［J］. 吉林医学，1981，2（4）：11－14.

[9] 蔡文琴. 实用免疫细胞与核酸 ［M］. 成都：四川科学技术出版社，1988.

第七章　激光扫描共聚焦显微镜与
免疫组织化学技术

激光扫描共聚焦显微镜（laser scanning confocal micro-scope，LSCM）简称共聚焦显微镜，是目前生命科学中较为先进的组织细胞和生物大分子荧光成像观察和分析的技术手段，可用于观察组织、细胞及细胞器的形态结构，检测细胞内蛋白质和核酸的定位，可用于活细胞内离子浓度的动态变化、细胞间通信等方面的研究。

第一节　激光扫描共聚焦显微镜概述

激光扫描共聚焦显微镜是在荧光显微镜成像基础上加置了激光光源和扫描装置，使用激光（紫外光、可见光或近红外光）激发荧光探针，在传统光学显微镜基础上采用共轭聚焦装置，利用计算机进行图像处理，对观察样品进行断层扫描和成像，从而得到细胞或组织内部微细结构（细胞器、蛋白质、核酸和离子）的荧光图像，以及在亚细胞水平上观察诸如 Ca^{2+}、pH 值、膜电位等生理信号及细胞形态的变化。共聚焦显微镜是一种高敏感性和高分辨率的显微镜，具有传统光学显微镜不可比拟的优势，在生命科学领域的组织、细胞和分子水平研究中的应用十分广泛。共聚焦显微镜在免疫组织化学领域主要可进行样品荧光定量检测、共聚焦图像分析、三维图像重建等方面地研究。

一、共聚焦显微镜的基本结构

目前 LSCM 型号众多，性能上也存在差异，但基本结构和工作原理都大致相同。作为一种用于图像采集和分析的大型精密仪器，共聚焦显微镜主要由以下几部分组成：激光光源系统、扫描器和光检测器、荧光显微镜系统、中心处理器（图7-1）。

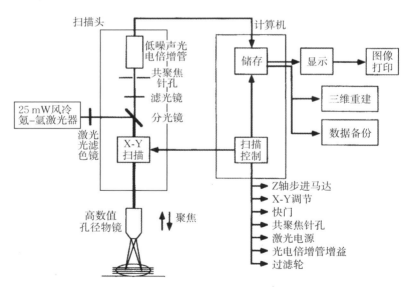

图 7-1　激光扫描共聚焦显微镜结构示意图

（一）激光光源系统

以激光器为核心，还包括稳压电源、耦合光纤及冷却系统等辅助设备。激光器可发射一定波长的激发光，形成激光光源。故激光器是一种能产生激光束的装置。稳压电源可以保证激光稳定以获得正确的测定结果。冷却系统的作用是带走激光器工作过程中产生的热量，保证激光器的正常工作。目前多数激光共聚焦采用风扇冷却法。仪器使用结束后应首先关闭激光器，并使激光器进一步冷却 20～30 min 再关闭系统电源，以确保激光器充分冷却。

（二）扫描器和检测装置

扫描器和检测装置是共聚焦显微镜的重要组成部分，直接关系到图像质量和分辨率。扫描器主要由光束分离器、共轭性针孔、Z轴升降微动步进马达以及 X-Y 轴扫描控制器等部分组成。其中光束分离器又称分光镜，其作用是按照波长来改变光线的传播方向，将激光束折射至显微镜的物镜，穿过物镜后到达样品，激发样品中的荧光物质，使其产生荧光。荧光束再次反向通过物镜和分光镜，到达光检测器而被记录。共轭性针孔为中央带有小孔的板状结构，有照明针孔和检测针孔两种。照明针孔位于激光发射器和光束分离器之间，检测针孔位于光束分离器与光检测器之间。这两种针孔相对于物镜焦平面为共轭性分布，共聚焦就是通过这种共轭性针孔而实现。针孔光栏的作用是排除非焦平面上的杂光，提高图像的清晰度。显微镜载物台上的 Z轴升降微动步进马达可在垂直轴上升降载物台。切片平面 X-Y 轴扫描控制器是水平面上扫描样品不同位点的控制器。

共聚焦显微镜的检测系统为多通道荧光采集系统，一般有3个荧光通道和1个透射光通道。光检测器常采用高灵敏度的光电倍增管（photomultiplier tube，PMT），并输出数字信号。激光经第一个针孔光栏形成一个点光源，由物镜聚焦于样品焦平面上，在焦平面上只有被激光扫描的点所发出的一定波长的荧光才能通过检测针孔光栏到达检测器，得到相应的图像。

（三）显微镜系统

荧光显微镜是共聚焦显微镜的基本组成部分，关系到系统的成像质量，主要用于在目镜下观察样品。共聚焦显微镜系统所用的荧光显微镜不同于普通的荧光显微镜。①它具有与扫描器相连接的接口，使激光能够进入显微镜的物镜照射到样品上，并能收集样品发射的荧光。②显微镜样品平台配有 Z 轴步进马达，以完成三维立体成像。③它配有光路转换装置，方便切换荧光显微镜观察和共聚焦观察方式。④它装有高性能的物镜，以保证不同波长的透光性。

（四）中心处理器

中心处理器即图像采集存储及处理系统、计算机控制系统。共聚焦显微镜各部分的运行均由计算机予以设定和控制，检测信号和条件储存于图像储存器内，并可以进行图像的合成，荧光强度的定量分析等。在图像采集过程中，可以应用时间控制程序进行动态测定。

二、共聚焦显微镜的工作原理

共聚焦显微镜的光学成像原理主要基于共轭焦点技术设计

而成，即以激光作为光源，采集时使激光光源、被测样品和探
测器处于彼此的共轭位置上。从激光器发射的一定波长的激光
束，通过扫描器针孔光栏形成一个点光源，经过透镜、分光镜
形成平行光后，再通过物镜聚焦于样品的焦平面上（图 7-2），
并对样品内共焦平面（探测点所在的平面即为共焦平面）上的
每一点进行扫描。用荧光染料标记的样品受激发而发射出荧
光，通过检测针孔光栏到达检测器（PMT），经计算机处理、
成像和存储，并在显示器上成像，得到所需的荧光图像。而来
自非焦平面上的光线均被遮挡滤片阻挡（图 7-2），不能通过
检测针孔光栏，因而不能在显示器上显出荧光信号，非共焦面
的背景均呈黑色（图 7-3）。这种双共轭成像方式称为共聚焦。

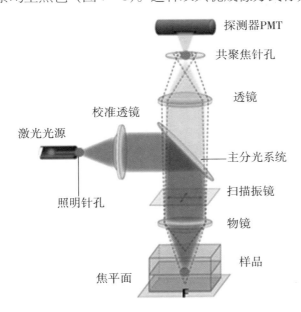

图 7-2 激光扫描共聚焦显微镜光路模式图

这种由共焦平面上样品的每一点的荧光图像构成的图像称共焦距图像。因采用激光作为光源，故称为"激光扫描共聚焦显微镜"。

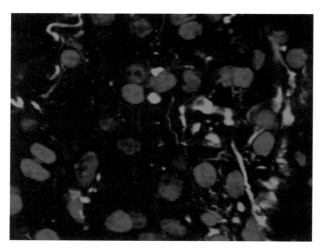

图 7 - 3　激光扫描共聚焦显微镜二维图像

小鼠大脑，荧光双标。绿色：神经元；蓝色：细胞核。

激光光束对样品 X-Y 轴的逐点扫描，形成了一个光学截面，称为光学切片，形成二维图像（图 7 - 2）。再利用载物台上的微动步进马达，使载物台在 Z 轴方向缓慢移动，对样品在 Z 轴上调节聚焦平面的位置，物镜聚焦于样品的不同层面上，连续扫描多个不同 Z 位置的二维图像，获得一系列的连续的光学切片图像。把 X-Y 平面（焦平面）扫描和 Z 轴（光轴）扫描相结合，从而获得样品的三维图像（图 7 - 3）。正因为激光扫描共聚焦显微镜能沿着 Z 轴方向在不同层面上获得该层的光学切片，所以可以得到组织细胞各个横断面的一系列连续光学切片，实现细胞"CT"功能。

三、激光共聚焦显微镜的图像采集和成像模式

激光共聚焦显微镜是一种图像采集和分析的大型光学仪器，主要用于采集荧光图像，也可以获得透射光图像。利用共聚焦显微镜不同的扫描方式能获得多种图像的组合。具体如下：①单独的荧光图像或透射光图像。②荧光图像与透射光组合合成的图像，可以在获得荧光图像的同时获得细胞的形态和密度。③多种荧光标记的样品还可以分别获得不同荧光通道的荧光图像或合成的多色图像。④按照空间（三维）、时间或波长采集的系列图像，通过组合可完成断层扫描等功能，实现时间分辨、空间分辨和波长分辨。

（一）图像采集模式

激光共聚焦显微镜具有多种模式的扫描方式，主要有线扫描、平面扫描、三维扫描、动态扫描（时间扫描）、光谱扫描等模式。

1. 线扫描　指在不同时间采集样品某共焦面上某一条线的荧光图像，并定量测定其荧光强度随时间变化的过程，其模式又可分为 XT、YT、ZT 模式，T 为时间，其单位一般为分钟、秒或毫秒。

2. 平面扫描　最常用的为 XY 方向扫描，也可采用 XZ 和 YZ 模式，获得的是二维荧光图像，不带时间参数的称为静态测量（图 7 - 4A）。

3. 三维扫描　为逐层多平面模式。扫描时可以设定样品在 Z 方向的两个点的距离，即扫描厚度，单位一般为微米

（μm），同时设定这一厚度之间的光学切片的张数，以 XYZ 扫
描方式逐层扫描样品，采集各层面的图像，通过电脑软件进行
三维成像（图 7 - 4B）。

4. 动态扫描   在平面扫描和三维扫描的模式中增加一个
时间参数，启动图像采集的时间控制程序，按指定的时间间
隔，自动采集某固定视野样品的一维、二维、三维等一系列图
像，并可获得荧光强度随时间变化的曲线和数据。

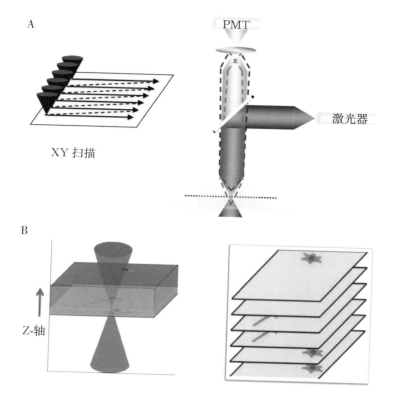

A. 二维信息采集；B. 光学切面和三位信息采集。

图 7 - 4   激光扫描共聚焦显微镜信息采集方式

5. 光谱扫描　一般采用 XYλ 模式，用于测定某共焦面上荧光强度随检测波长变化的图像。

（二）成像模式

1. 单一光学切片模式　光学切片是共聚焦显微镜的基本图像单位。从固定和染色的标本在水平方向上对不同层面以单波长、双波长、三波长或多波长模式采集数据，以数字方式进行储存。使用 LSCM 采集单幅光学切片的时间约为 1s，图像所占的存储空间与采集图像的大小和分辨率有关。

2. 延时成像和活细胞成像模式　早期延时共聚焦成像采用高分辨率的 LSCM 研究活细胞。将定时器与照相机连接起来，设定一定的时间间隔，在不同的时间点上从单一光学切片上采集一系列光学切片图像。

活细胞成像要求在成像过程中始终保持镜台上细胞的存活，应注意使用最小强度的激光进行成像和尽快地采集图像。任何由图像采集过程或染料性质对标本产生的影响都应给予考虑。

3. Z 扫描和三维重建模式　Z 扫描可以在标本的不同平面采集一系列图像，它是通过显微镜细调节螺旋的移动完成的。Z 扫描通常是通过计算机控制的步进马达以预先设定的步距移动显微镜的镜台，进行图像采集和储存，直到所有需要采集的图像都采集完成。Z 扫描系列图像输入 3D 重建软件中，进一步处理成 3D 图像。这一方法现在用来阐明 3D 结构和组织功能之间的关系。

4. 四维图像模式　对于活体组织，用 LSCM 采集的 Z 扫描延时图像，在 3D 的基础上加上时间量纲，即 3 个空间量纲（X、Y、Z）和 1 个时间量纲，可产生 4D 数据。这些图像可通过 4D 观看程序进行观察，可建立每一时间点的立体照片对，并作为电影方式连续观看或进行画面剪辑，研究细胞形态和结构之间的关系。

5. X-Z 图像模式　X-Z 模式可观察到标本的纵向结构。X-Z 模式的图像可在步进马达的控制下，通过不同的 Z 轴深度对样本进行单线扫描而获得，也可利用 Z 扫描图像的光学切片使用 3D 重建程序获得。但如果组织标本较厚时，组织内部的荧光标记可能不够清晰。

6. 反射光成像模式　采用 LSCM 的反射光模式可对未染色的标本或用能反射光线的染料如免疫金或银颗粒标记的标本进行观察。这种成像方法的优点是光漂白问题不再干扰成像结果，尤其适合于对活体组织的观察。

7. 透射光成像模式　任何形式的透射光显微镜成像，如相差、微分干涉相差（DIC）、偏振光或暗视野显微镜成像，都可采用透射光检测器进行图像采集。该检测器是 LSCM 上专门采集透射光的一种设备，可将信号经光纤传递到扫描头中的 PMT。因为共聚焦荧光图像和透射光图像使用同一束光同时采集，图像记录保存后，两者自动重叠即可确定标记成分在组织内的精确定位，可以提供精细的样本形态学特点。

采集标本的透射光和非共聚焦图像，并将其与一种或多种标记物质的荧光图像进行叠加，可获得有用的信息，如采用实时彩色透射光检测器采集红、绿、蓝通道的透射光信号，并生成实时彩色图像。用透射光观察彩色图像，同时可将观察到的图像与荧光图像重叠，这一方法对于病理学工作者尤为适用。

第二节　激光扫描共聚焦显微镜技术

许多用于共聚焦显微镜的实验技术方法，大多以普通光学显微镜为基础，进行改进以适合共聚焦显微镜的需要。实验前除对 LSCM 配置进行必要的了解外，正确的标本制备、合适荧光探针的选择、正确标记方法的采用以及 LSCM 的正确操作与维护都非常重要。

一、标本制备

在免疫组织化学研究中，常用组织切片标本和培养细胞标本进行 LSCM 观察。

（一）组织切片标本制备

LSCM 的组织切片制备方法与一般免疫荧光染色切片制备方法基本相似，主要包括样品固定及切片制作两方面。

1. 固定　与一般组织化学标本制备相似。通常用 0.1 mol/L PB 配制的 4% 多聚甲醛固定标本。

2. 切片　切片的制作应注意切片方法的选择和切片的厚度。冰冻切片、石蜡切片和活组织切片均可用于 LSCM 的观察。冰冻切片荧光背景低，抗原活性保存好，故应用最广。石蜡切片易保存，但荧光背景较强，且抗原活性的保存不如冷冻切片。活组织标本因未固定，不易保存，故实验操作要准确快速。

LSCM 切片的厚度决定于物镜的数值孔径、物镜的工作距离、激光的穿透力以及样品的透明度。与普通光学显微镜相比，共聚焦显微镜可进行厚标本深部的荧光观察，要求较长染色的时间或较高浓度的荧光探针。但在保证组织细胞形态完整，达到实验目的前提下，切片一般以 $4 \sim 35 \ \mu m$ 较为合适，越薄越好。

在实验中确定切片厚度要注意以下方面：①因荧光探针渗透能力有限，深层的样品难以被荧光探针标记，从而导致厚样品的各层面荧光分布不均匀。②厚标本对激光和发射荧光具有一定的吸收作用，故可影响深层样品成像的荧光强度和清晰程度，导致各层面成像不均匀，进而影响三维图像成像质量和定量测定结果的准确性。③不同的实验目的，对切片厚度的要求不同。有时为了观察标本深部，可从样品的上、下两个不同面进行"CT式"扫描，从样品上下两个表面观察。

（二）培养细胞标本制备

培养细胞标本的制备相对简单，主要需要注意细胞的固定、培养细胞器皿的选择和细胞密度等方面。

1. 固定　培养细胞标本固定方法与一般免疫荧光染色时的固定方法相同。多用多聚甲醛固定，也可用乙醇或丙酮固定，如对细胞进行动态观察，则不需对细胞做固定处理。

2. 培养皿　LSCM 的物镜有短工作距离物镜和长工作距离物镜两种。根据物镜的类型选择培养皿。如果所配置的物镜

（特别是 4 倍以上的高倍物镜）是短工作距离类型，则应用共焦距专用培养皿（皿底是厚度仅 0.17 mm 的盖玻片）培养细胞。或将细胞培养在厚 0.17 mm 的盖玻片的普通培养皿/板上培养，然后将长有细胞的盖玻片取出反盖在载玻片上进行观察。如配置的物镜是长工作距离物镜，则在一般培养皿/板上培养细胞即可。

3. 细胞密度　培养细胞有贴壁细胞和不贴壁细胞，它们的细胞密度调整方式不一样。不贴壁细胞的密度可通过改变细胞数量与溶液体积的比例来进行调节。贴壁细胞的密度要根据实验目的来调整。如果是以对细胞个体进行形态学观察、三维重建、定位荧光信号等为主，则细胞密度可以稀疏一些，使细胞充分伸展，显示出应有的形态和结构，保证显微镜视野内有一定数目的细胞即可。如果是定量测定荧光强度，则细胞的密度可高一些，以便做大量细胞的统计定量，但细胞尽量不连成一片，更不能堆叠在一起。

二、荧光标记

对标本进行荧光标记是 LSCM 实验中最关键的步骤之一，所选用的荧光探针、标记方法等是否合适，直接关系到实验的成败。首先根据实验目的确定检测指标，再确定可供选择的荧光探针范围。一般选择稳定性高的荧光探针。为获得最佳标记效果，选择探针合适的工作浓度也很重要。

LSCM 标本的探针标记方法与普通免疫荧光染色相似。可用直接孵育法或间接孵育法。如荧光探针是酯化性的，则易于跨膜进入细胞内，可用直接孵育法对标本进行标记。大多数荧光探针没有脂溶性，故需要采用间接孵育法，即先用一定的方法增加标本的膜通透性，使其进入细胞。

三、结果判断和问题分析

实验过程中影响标本标记效果的因素很多，遇到相应问题时应仔细分析原因，采取针对性的有效措施予以解决。

1. 标记荧光过强　标本上所有细胞都被标记上荧光，样品荧光强度过高。每个细胞间荧光互映，看不清单个细胞的结构，不利于形态观察和测定。克服方法：降低外荧光探针的浓度，或减少标记探针与样品的反应时间。

2. 边缘效应　即连接成片的细胞边缘的细胞荧光强度明显高于中间细胞的荧光强度。克服办法：在不影响实验的前提下，尽量减低细胞密度；或适当减低探针浓度；或适当延长标记时间，让染料在细胞间达到充分的平衡；染色后充分的漂洗，以去除附着在细胞表面的多余探针。

3. 所有细胞荧光都很弱　荧光标记后样品荧光强度低的原因很多，常见的有：①荧光探针浓度过低。②孵育条件不适当，如温度太低或时间太短。③荧光探针失效，如荧光探针已过保质期，另荧光探针通常要低温保存，忌反复冻融。④观察样品荧光的条件不适宜，如激发波长选择不对。⑤加入试剂种类或顺序错误，漏加试剂及不当的操作等导致荧光标记失败。

4. 光敏效应引起的荧光淬灭或增强　高强度光源照射对荧光物质具有光漂白或损伤作用，故所有荧光标记操作要避光进行。减少光漂白或损伤的办法：①尽量减少预览及检测时光源照射强度，缩短光照时间，增大检测器的灵敏度。②对于固定样品可使用防淬灭剂。③使用不易淬灭的探针，改变标记条件或方式。

5. 非特异性标记 探针浓度过高、探针种类错误、孵育时间过长等都会导致非特异性标记。因此，选择正确的探针、摸索探针的最佳工作浓度和孵育时间非常重要。设立对照组，甄别假阳性也非常必要。

第三节 激光扫描共聚焦显微镜在组织化学和免疫组织化学中的应用

LSCM 的功能可分为图像分析功能和细胞生物学功能两大类，运用于组织化学和免疫组织化学方面的主要是图像分析功能。凡是用特异性荧光探针标记的组织细胞标本均可以利用 LSCM 进行图像分析。其图像处理功能主要体现在三方面，即光学切片、三维图像重建、荧光定位和定量分析。

一、光学切片与三维重建

通过激光共聚焦成像，不仅能获得高分辨率的图像，同时它还具有深度识别能力和纵向分辨率，因而可以清晰地观察较厚的标本，并可以掌握其细节。LSCM 可在 Z 轴上连续扫描，对厚的生物样品做不同深度的光学切片，然后经计算机图像处理及应用三维重建软件进行三维重建。这种光学切片与三维重建可沿 X、Y 和 Z 轴或其他任意角度观察标本的立体结构，并可通过改变照明角度来突出某些结构特点，形成更生动逼真的三维效果，灵活、直观地进行形态学观察，揭示亚细胞结构的空间关系。三维重建过程包括图像采集和三维图像构建两个步骤。

1. 图像采集　通过 Z 扫描方式对标本进行光学切片，采集各个层面的二维图像。Z 扫描方式通常是通过计算机控制的电动步进马达按照预先设定的步距移动载物台，使聚焦平面依次位于组织标本的不同层面，逐层获得标本相应的光学横断面图像。这一过程称为"光学切片"，这种功能称为"显微 CT"。

2. 三维图像重建　传统的显微镜只能形成二维的彩色图像，共聚焦显微镜通过 Z 扫描对同一样品不同层面进行实时扫描，将获得的各层面二维图像数据输入计算机，应用三维重建软件构建三维结构图像。同时通过三维重建图像的旋转，可从任意角度进行观察，也可以借助改变照明角度来突出特征性结构，产生更生动逼真的三维效果。三维软件包不仅可以产生单帧三维图像，还可以电影方式编辑来自标本不同视图的图像，也可进行长度、深度和体积的测量。一种显示三维信息的简单方法是在不同的深度进行颜色编码光学切片，在标本内部的不同深度制定一种特定的颜色，采集一系列连续的光学切片，然后用图像处理软件进行重叠和着色。

二、组织细胞化学成分的定性、定位和定量分析

LSCM 可进行重复性极佳的活细胞或固定细胞的荧光定量分析。利用这一功能可对单个细胞或细胞群的溶酶体，线粒体，DNA，RNA 和受体分子含量、成分及分布进行定性、定位和定量测定。

（一）荧光信号的定性和定位分析

1. 荧光标记物的定性鉴定　样品的荧光可分为样品内源性已知荧光、通过外加已知荧光标记物获得荧光和样品内源性或外来的未知荧光。前两类荧光信号所代表的物质是所需要观察的指标，而未知荧光则常为干扰荧光，需要排除，但如果是有用的信息，则要借助其他手段进一步定性。

2. 荧光信号的定位分析　生物样品经特异荧光物标记后，LSCM 采集图像时可根据荧光物的激发光谱、发射光谱的特征，能同时检测多种荧光，同时确定荧光信号在样品中的位置和分布，并对其进行定位。对于具有多重荧光的样品，共聚焦显微镜能够按照荧光的波长特征分别获取各荧光的单独图像，用不同的通道显示出来，并可以在电脑上进行合成。在组织或细胞原位利用特异荧光标记探针标记出细胞内的物质（如核酸、蛋白质、离子等），经共聚焦扫描成像，显示出荧光信号在细胞内部结构中的分布，从而实现在细胞内的定位。常见的荧光定位方法主要有 3 种。

（1）单荧光标记定位：利用某些荧光分子发出的单一荧光可以确定其在组织或细胞中的位置。单荧光标记的特点是样品

染色单一、染色过程简单、受到的干扰少。例如，有些膜蛋白，只定位于细胞膜，共焦距图像显示只在细胞膜区有细线状或点状分布的荧光，定位清晰。可选用绿色、黄色、红色任一波长范围内单荧光探针（或荧光探针标记的抗体），故可以选择的荧光探针范围比较广泛。

（2）多重荧光标记共定位：如需要检测细胞或组织内两种以上不同的成分，则需应用具有不同光谱特性的荧光探针标记不同的成分。通过共聚焦多通道扫描，可以显示出不同荧光信号在样品中的分布位置，确定各标记物代表的成分相互关系。多荧光标记时，选用的荧光探针应具有不同的激发波长，光谱不相重叠。共定位时要注意光谱的交叉干扰问题。如在两种以上荧光探针之间，若两荧光发射峰很靠近，荧光检测光谱会有部分重叠，这就是光谱交叉。如果这种交叉比较严重，会导致一种荧光探针的信号在另一种荧光探针的信号检测通道中被检测到，而造成信号的干扰。

在多重荧光标记的样品中，几种荧光物质往往同时存在，但是每种荧光化合物都有其自身的激发光谱和发射光谱，它们在光谱图的形状、激发峰和发射峰的宽度、最大吸收和最大发射的波长方面均有差异。可以根据这些差异，按照仪器条件选择波长参数来最大限度地减少或消除各荧光物质间的干扰。故通常选择发射峰值波长不同，发射光谱交叉较小，荧光信号在仪器上能彼此分开的荧光探针来标记样品。

避免或排除光谱交叉干扰的方法有如下几种：

1）当同时使用多种荧光探针时，尽量选择无光谱交叉的荧光探针。

2）适当降低标记荧光强度。一种或几种荧光的强度太高，有时也会导致光谱交叉现象。

3）检测时采用循序扫描的方法克服光谱交叉问题。用不同波长的激光分别照射样品，依次在相应的荧光检测通道采集每种荧光的共聚焦图像，然后进行图像合成。这样就最大限度地消除了光谱交叉的干扰。

4）改变仪器检测条件。如果图像上出现较弱的荧光交叉信号，可通过改变仪器参数来消除。

3. 荧光与透射光共成像　激光可以激发出样品的荧光，也可以通过透射光检测器采集到样品的透射光图像。尽管透射光的图像不是共聚焦图像，但能提供组织或细胞的全貌，获得细胞数量和位置、细胞大小、细胞及其膜的完整性。这些透射光的信息学在荧光定位中很重要。

（二）荧光信号的定量分析

LSCM 可以定量分析荧光标记的组织标本的共聚焦荧光，并显示荧光沿 Z 轴的强度变化。它除了可以对单、双或三重标记的细胞及组织标本的荧光进行定量、定位分析外，还可以借助显微 CT 功能对标本深层进行荧光分布的测量，获得组织形态结构的信息。LSCM 同样适用于高灵敏度的快速免疫荧光测定，准确检测抗原的表达、荧光原位杂交斑点及组织细胞的形态学结构特性以及定量分析。下面介绍如何运用 LSCM 进行定量免疫荧光测定和定量图像分析。

1. 定量免疫荧光测定　先对组织或细胞进行荧光染色，

再用 LSCM 对其进行定量和形态学分析。要对荧光的强度（亮度）进行绝对测量是非常困难的，但相对亮度的测量却比较简单。LSCM 是测量细胞内指定区域亮度的主要仪器，如测量某一细胞器的总体亮度。

（1）线性校准：在进行测量前必须用全色滤色镜对相应系统进行线性校准。如果用相同的光电倍增管（photo multiplier tube，PMT）作为荧光探测器，控制激光输入功率，直接可以用全色滤色镜进行测试。如果探测器是一个独立的系统，必须用荧光样品进行校准。将全色滤光镜放到激光光路中，一定要保证在最大亮度时荧光染料未达到饱和，否则将会影响探测器的线性转换关系。用几个不同的荧光染料稀释度可以检测探测器的输出是否与浓度成线性关系。

（2）测量：将最亮的样品放到显微镜上，调节获取值以得到不超过饱和值的最大亮度。调好后，固定获取值、PMT 电压和背底控制。如果它们都已被校准，可将它们的数值记下并将其锁定保存（实验结束后再将其打开）。

通常需要做 3 种测量：第一种，测量未被标记的样品，测得未标记显示的背底荧光值；第二种，测量选择标记的样品；第三种，测量不同的实验处理标本。选择性标记和实验处理标本的荧光量差别应该大于未能标记样本的背底荧光量，这才是比较合理的实验结果。如果有必要可进行线性校准。

总之，进行荧光强度测量时，应首先检测系统的线性，对系统进行线性校准，设定合理的获取率和背底水平，选择滤色片和实验条件然后进行样品测定。

2. 定量图像分析　LSCM 除了可以对生物样品进行图像分析外，还可以同时进行图像定量分析。如通过对细胞面积、周长及细胞核面积的测定，对生物体的形态学特征进行量化，提高研究结果的准确性。LSCM 能对单标记或双标记生物样品的共聚焦荧光进行定量分析，并显示荧光沿 Z 轴的强度变化。根据实验要求设置好仪器测试的各种参数后，计算机便能自动进行数据采集，并将结果储存起来，供以后分析和输出。定量图像分析结果的表达形式有数字、直方图和二维坐标等，将生物样品的平均荧光强度、背景荧光强度、面积、周长和形状因子像素点等显示出来，同时在一种方式中表达。

三、激光扫描共聚焦显微镜的动态测量

LSCM 的动态测量是指在采集图像的过程中应用动态的时间间隔控制程序，利用计算机的软件控制仪器，在一定的时间内或特定的时间间隔内，自动采集某一固定视野的一系列图像。如常用的 XYT 图像，可以测定活细胞中荧光信号的动态变化，获得荧光强度随时间变化的曲线和数据。LSCM 进行动态测定的特点是：①连续采集样品中某一固定视野的荧光图像，即原位同视野检测。②快速扫描，时间变化可达毫秒级。③扫描方式多样，可以采用线扫描、平面扫描或连续断层扫描。④可以将荧光强度随时间变化的系列图片转换成动画，或用不同的伪彩色表示不同的荧光强度。

第四节　激光扫描共聚焦显微镜
定量分析的优势

与病理图像半定量分析相比，LSCM 具有以下优点：

1. 定位和定量更精细、精确度更高。免疫荧光反应是在细胞或组织中形成含有荧光素的免疫复合物。LSCM 对免疫荧光组织化学染色样品做定量分析时，利用激光聚焦和系统软件对组织进行深层扫描，可以看到组织及细胞内荧光染色的部位及染色强弱，可深层次对抗原或抗体进行准确定位和精确定量。以往一般图像分析只是以荧光灰度的差别变化进行半定量分析。

2. LSCM 有 2 个以上不同波长的激光管，故可以在同一张切片上同时分析 2 种或更多不同波长荧光标记的指标的变化，并对其比值变化进行比较。与一般病理图像分析法相比，既精确又方便。

3. LSCM 可提供多种图像，根据科研需要，选择纯荧光、白光或荧光与白光合成图像等。这也是一般病理图像分析无法达到的。

4. 以往如用石蜡切片做免疫荧光染色，在普通荧光显微镜下观察，常因背景非特异性荧光过强而影响观察结果。故免疫荧光染色多要求冰冻新鲜组织标本。但 LSCM 激光的激发波长非常特异，可避免因背景非特异性荧光过强而影响观察结果。因而用 LSCM 扫描石蜡切片的荧光染色，可以获得清晰的图像。这也是 LSCM 的一大优点。

第五节　激光扫描共聚焦显微镜操作注意事项

LSCM 可测定的样品种类有生物材料、组织（切片）、细胞（亚细胞）结构等。样品中荧光的来源主要有：自发荧光、荧光染色、免疫荧光、荧光蛋白、诱发荧光及酶致荧光等。其中大部分荧光素的激发和发射波长均可在仪器自带软件的染料信息库中找到。

一、观察步骤及仪器操作

根据实验要求制备样品完毕后，即可进行观察。

（一）基本步骤

1. 开启仪器电源及光源　一般先开启显微镜和激光器，再启动计算机，然后启动操作软件，设置荧光样品的激发光波长，选择相应的滤光镜组块，以便 PMT 检测器能得到足够的信号结果。

2. 设置相应的扫描方式　在目视模式下，调整所用物镜放大倍数。在荧光显微镜下找到需要检测的细胞。切换到扫描模式，调整双孔针和激光强度参数，即可得到清晰的共聚焦图像。

3. 获取图像　选择合适的图像分辨率，将样品完整扫描后，保存图像结果即可。

4. 关闭仪器　仪器测定样品结束后，先关闭激光器部分，计算机仍可继续进行图像和数据处理。若要退出整个 LSCM 系统，则应该在激光器关闭后，待其冷却至少 10 min 后再关闭计算机及总开关。

（二）获取三维图像

LSCM 具有细胞"CT"功能，因此，它可以获得一系列光学切片图像。选用"Z-Stack"模式，即可实现此项功能。其基本步骤是：①开启"Z-Stack"选项。②确定光学切片的位置及层数。③启动"Start"，获得三维图像。

（三）获取时间序列图像

共聚焦显微镜的"Time-Series"功能，可以自动在实验者规定的时间内按照设定的时间间隔获取图像。只需设定所需的时间间隔以及所需图像数量，开启"Start T"功能键，即可进行实验。"Time-Series"功能大大减轻了实验者的劳动强度，对于荧光漂白恢复和钙离子成像等实验非常实用。

（四）双重或多重荧光串色处理

在两种或两种以上荧光素之间，如果荧光发射峰很近，则荧光光谱彼此会有部分重叠，检测时可能出现一种荧光素的信号扩散到另一荧光通道的情况。这种现象称为串色或荧光光谱交叉。避免或排除光谱交叉干扰的方法通常有以下几种：

1. 使用几种荧光素时，尽量选择相互之间无光谱交叉的荧光素。

2. 降低标记荧光强度　样品的一种或几种荧光强度太高，有时会导致光谱交叉出现。采用降低标记物浓度、缩短标记时间及调整荧光介质等方法可降低样品荧光强度。

3. 采用序列扫描方法　主要是指用不同波长激光轮流照射样品，同时在相应的荧光检测通道轮流采集，并显示每种荧光的共聚焦图像。对于双重荧光染色样品，其具体操作过程是：首先只用一种激光激发相应的第一种荧光物质，在第一通道显示其荧光图像；再用另一种激光激发另一种荧光物质，在第二通道显示其荧光图像。相应的顺序扫描软件能够将通道的不同荧光图像同时分通道显示并叠加合成，展示出两荧光间空间定位关系。依此类推，用顺序扫描方法还可以采集三重或更多重荧光样品的图像。

4. 修改光谱检测仪器的检测条件　在图像上出现比较弱的荧光交叉信号时，可通过改变仪器的检测条件来克服。常用的措施有：①降低干扰荧光的激发光强度以降低其发射荧光强度。②减小被干扰通道的检测灵敏度。③改变激发光波长和检测波长范围等。例如在荧光通道 2 的图像上看到来自通道 1 的较弱的荧光交叉信号，这时在保证采集到各通道清晰图像的情况下，降低通道 1 的激发强度，减小通道 2 的光电倍增管效能以降低其采集的灵敏度，小范围内改变各通道的检测波长，可以消除来自通道 1 的荧光交叉信号。

5. 荧光光谱鉴别法　通常情况下，不同荧光物质的荧光光谱不会完全重叠，利用不同荧光光谱之间的差异，可以将来自两种荧光物质的荧光信号鉴别开来，得到各自的荧光图像。

二、注意事项

（一）样品制备基本要求

1. 组织切片厚度要求：LSCM 与荧光显微镜样品制备基

本相同，不同的是组织可切为较厚切片，实现三维重建图像。组织切片或其他标本不能太厚，否则激发光多数消耗在标本下部，而物镜观察的上部不能被充分激发。

2. 载玻片要光洁，无自发荧光。载玻片厚度应为 0.8～1.2 mm，太厚会吸收较多的光，不能使激发光在标本上聚焦。由于 LSCM 通常为倒置式，载玻片上附着的盖玻片面积要大，上机观察时盖玻片应朝下放置在载物台上。

3. 通常用甘油做封固剂　甘油必须无色透明，无自发荧光。由于荧光在 pH 8.5～9.5 时较亮，不易很快褪去，常用甘油加入 0.5 mol/L、pH 9.0～9.5 碳酸盐缓冲液的等量混合液封片。

4. 常见器皿　LSCM 的载物台设计灵活，可以放置载玻片、培养皿、活细胞观察等多种常见器皿。应注意器皿底盘的厚度不能太厚，因为激发光要透过器皿的底部才能照射到样品上。同时，所用器皿要干净，无划痕。

（二）荧光抗体的要求

标本需用荧光探针标记后才能进行 LSCM 检测，制备高特异性和高效价的荧光抗体是检测的关键。故要求选用高质量的荧光素和高特异性与高效价的免疫血清，还要对荧光抗体进行质量鉴定，主要是进行特异性和敏感性鉴定。

（三）定量研究的要求

1. 随机性

（1）对感兴趣区域内采取随机抽样。不能主观地选择一些便于定量的"理想切片"，这种"理想切片"不能代表所要研究的整体区域。

（2）在随机抽取的切片上，应随机抽取观察视野。

（3）在随机抽取的视野中，通过连续观察"光学切片"，得到感兴趣结构的三维定量信息。如果不能连续观察"光学切片"，需要在 Z 轴方向随机抽样，然后做定量研究。

2. 避免参照陷阱　　如果获得的资料是密度信息，当各比较组参照空间（包含待测结构的区域）的体积不同时，根据密度信息可能得出错误结论。因此，需要注意所谓的参照空间"陷阱"问题。

（雷小灿　李美香）

参考文献

[1] 黄体冉，马兰青，刘续航，等. 激光扫描共聚焦显微镜在生物医学中发展与应用 [J]. 科教文汇，2017（20）：184-186，192.

[2] 许佳玲，罗剑文，龙钊，等. ZEISS LSM 780 激光扫描共聚焦显微镜的三维成像及分析 [J]. 电子显微学报，2018，37（1）：71-76.

[3] 王春梅，黄晓峰，杨家骥，等. 激光扫描共聚焦显微镜技术 [M]. 西安：第四军医大学出版社，2004.

[4] 李和，周德山. 组织化学与细胞化学技术 [M]. 北京：人民卫生出版社，2021.

[5] 王春梅，黄晓峰. 激光扫描共聚焦显微镜技术 [M]. 西安：第四军医大学出版社，2004.

第八章　免疫组织化学与细胞化学
定量分析技术

　　机体内各种细胞的功能活动不但与其形态结构有关，还与细胞内、外各种化学物质的分布及量的多少密切相关。免疫组织化学/细胞化学技术检测的目的是将待测组织或细胞中感兴趣的化学成分可视化，能在显微镜下直观显示该化学成分在组织、细胞内的位置与分布，并进行定性或定量分析。该技术检测的实验结果通过显微图像的形式显示出来，对于目的成分是否有表达及其分布特点（定性与定位）在显微图像上是否容易判断，进一步对采集的显微图像用科学的方法进行分析，可对检测结果做出相对客观、科学的定量判断。目前，应用于免疫组织化学/细胞化学显微图像定量分析的方法主要有人工分析和显微图像分析系统两种，其中显微图像分析系统是目前被广大科技工作者认可的更准确、更客观的定量分析技术。

第一节　免疫组织化学显微图像人工分析方法

　　免疫组织化学/细胞化学显微图像的人工分析是指检测者直接在显微镜下（一般为高倍镜）随机选取具有代表性的多个

视野，对各个视野中阳性细胞的数量、着色深浅等信息进行提取、分析，并以此评判检测结果的方法。目前尚在使用的人工分析方法有阳性细胞计数法、阳性率法和阳性强度法（积分法）或评分法。

阳性细胞计数法是指在光学显微镜高倍镜（40×）下，每张切片随机选择组织、细胞不重叠的 5～10 个视野，人工计数每张切片阳性着色细胞总数。一般每组选取 3～6 张不同标本来源的组织切片，然后对各组均数和标准差进行组间比较即可。阳性率法即为阳性细胞百分比法，阳性强度法又称积分法，两者均以"－"和"＋"表示免疫组织化学/细胞化学显色反应是呈阴性还是阳性，即确定待测物质的有、无（定性分析）。"－"代表免疫组织化学反应为阴性，表示待测物质不存在；"＋"代表免疫组织化学显色反应呈阳性，即表明待测物质存在，阳性反应又常以"＋"的数量来表示反应的强弱，即代表待测物质在组织、细胞内含量的多或少。以 DAB 显色在细胞质的蛋白为例，"＋"表示显色反应为弱阳性（镜下见部分细胞质呈浅黄色，或仅小部分细胞有棕色沉淀，且弥散分布，无致密颗粒）；"＋＋"表示较强阳性（镜下见绝大部分细胞质呈均匀的黄色，或大部分细胞为棕褐色、较致密的片状沉淀，但不超过细胞质容积的一半）；"＋＋＋"表示强阳性（镜下见全部细胞的细胞质内充满了棕褐色、块状沉淀，分布较均匀）。阳性率法的计算方法为每个标本中所有"＋""＋＋""＋＋＋"的细胞总数占总检测细胞数的百分比，阳性率往往不能反应组织细胞中待测物质真实的表达状态。阳性强度法的计算方法为不同阳性细胞强度与其细胞数的积的总和，相对于阳性率法而言，阳性强度法做出的判断较为客观、正确，但它也还只能算是一种估量法。因此，后来又衍生出将阳性率法和阳性强度法结合起来的"评分法"，目前多用于病理诊断。其方法为每张切片随机取 5～10 个高倍镜（40×）视野，每个视野均进行阳性细胞百分比记分与着色强度记分，阳性细胞百分比记分即按高倍视野内阳性细胞所占总细胞数的比例记分（未见阳性细胞、≤25 %、26 %～50%、51 %～75%、＞75%分别记为 0、1、2、3、4 分）。着色强度记分即按细胞着色强度阴性（无黄色）、弱（淡黄）、中（棕黄）、强（棕褐）分别记分为 0、1、2、3 分。将上述两种记分结果相加，0 分为阴性（－），1～3 分为弱阳性（＋），4～5 分为中等阳性（＋＋），6～7 分为强阳性（＋＋＋）。

为使结果更加客观和准确，在人工分析过程中，分析者应是经验丰富、实验目的单盲的实验技术人员，同时还应采用多次、多人分析取平均值的方法。对同一切片图像要进行多次分析，每次随机选取不同数量的不同视野进行分析；此外分析时还应由至少 2 位或 2 位以上的分析者对同一批标本进行分析，取多次分析、多人分析的平均值作为计量结果。如果不同分析人员对同一检测标本分析后得到了相互矛盾的结果，就不能取平均值，而应将产生矛盾的标本拿出来进行多人同时共同分析，形成共识，确保结果的相对准确性和可重复性。

第二节 显微图像分析系统

　　显微图像分析系统（microscope image analysis system）是将光电转换技术、计算机图像处理技术与光学显微镜技术完美结合在一起，能精确地用数字表达存在于标本中的各种信息的一项高新技术产品。组织化学、免疫组织化学以及原位杂交等技术虽能直观显示组织或细胞内某一物质的定位，但对组织或细胞内该物质进行精确的定量分析需要借助显微图像分析系统才能完成。显微图像分析主要是对图像中感兴趣的目的成分进行客观、准确的定量分析，通过将图像转换为数据，得出目标物的面积、周长等几何参数以及灰度、吸光度等密度参数。显微图像分析已成为一种公认的形态学研究工具，在组织学、病理学等显微形态学的研究领域中得到越来越广泛的应用。

一、显微图像分析系统的基本组成与原理

　　显微图像分析系统主要由光学显微镜、计算机、图像采集装置、图像处理与分析软件、图像输出设备等部件组成。光学显微镜获得的图像能否保持该组织、细胞的形态和化学物质含量的真实信息，对于获得准确、客观的定量分析结果至关重要，因此显微图像分析系统一般选用成像保真、无色差、聚焦深度大的研究用光学显微镜。计算机是图像分析系统的主体部分。作为显微图像分析系统的图像采集装置主要是 CCD 摄像

机和图像采集卡。CCD 的全名为电荷耦合器（charge coupled device，CCD），类似于人的眼睛，它起到将光线转换成电信号的作用，因此其性能的好坏将直接影响到摄像机的性能；图像采集卡有图像获取、存储、运算、图像与数字间转换等功能，能将模拟的视频图像转换成数字图像并存入高速存储器中，供计算机的图像处理与分析软件对其进行处理与分析。常用的图像处理与分析软件有 Image J、Image Pro Plus（IPP）等。常用的图像输出设备是显示器、图像收视器和打印机。显示器显示软件菜单和测量结果等，图像收视器则可显示三维图像等，上述图像和数据结果可通过打印机直接打印。

　　经图像采集装置输入计算机的数字图像含有像素、灰度、色彩三方面的信息，这也是图像的三大要素，是图像处理与分析软件对显微图像进行定量分析的基础。像素是构成显微图像的最基本单元，数字图像都是由众多离散的像素按水平与垂直方向排列的二维阵列构成，二维阵列的像素愈多则代表图像的空间分辨率愈高，显示的图像愈细腻、清晰。一般显微图像分析系统其像素的二维阵列不少于 512×512。灰度是指数字图像每一像素的明暗、深浅程度，即该图像由黑到白变化的量化等级。显微图像分析系统的灰度量化等级越高，表明其显示出的图像明暗层次越丰富，越接近被拍摄图像的真实颜色的明暗程度。需要注意的是，物质含量多少与图像灰度值的大小呈反比，即灰度值越大，表示染色越浅，所含物质的量越少。依据颜色图像可分为黑白与彩色图像两类，黑白图像只有灰度信息，没有色彩信息。彩色图像是由图像采集装置将每一像素的真实色彩分解为红、绿、蓝 3 种原色信号，并将每种原色信号按其深浅量化成不少于 256 （2^8）的灰度等级，再通过计算机将它们按色度坐标重新编码为彩色图像，因此彩色图像不只含有灰度信息，还含有颜色种类、纯度、色彩亮度等方面的信息。图像分析系统不仅可以从图像获取其几何参数及灰度值，还能测量得到各种彩色信号的灰度、色度、亮度、饱和度等数值，并可将测得的数据按照实验要求进行统计分析，以表格或直方图等形式体现定量分析的实验结果。

二、显微图像分析系统的基本程序

显微图像分析系统的运行过程错综复杂，但实际操作者只需点击鼠标选择程序的某项功能，即可按图像输出设备（显示器）上不断显示出的各项指令来完成。不同品牌、型号的显微图像分析系统对显微图像的采集参数和处理软件的设定方面虽略有不同，但基本处理程序相同，具体步骤如下。

（一）图像采集

图像采集操作方法比较简单，主要通过连接在光学显微镜上的摄像头进行，只需打开图像采集软件，用鼠标点击图像采集键即可。在此过程中，摄像机通过完成光/电转换，再经模/数转换将模拟信号转换为数字信号输入计算机。由于显微镜照射光的光谱种类和强度直接影响摄像机拍摄的显微图像的亮度及色彩饱和度，因此，为了提高测量结果的科学性和可重复性，在拍摄用于免疫组织/细胞化学定量分析的显微图像时，应自始至终使用恰当的滤光片及完全相同的显微镜照明光强度。

(二) 图像预处理

图像预处理又称图像增强或图像质量改善。因为通过摄像机输入图像分析系统的图像由于显微镜光源、图像采集卡的性能等因素的影响，可能存在图像失真、模糊、噪声、几何畸变等情况，故在图像分析前需通过软件对原始数字图像进行合理的处理，从而增强图像中的有用信息，压抑图像中不需要的信息和噪声，便于图像信息的提取。需要注意的是，如果需要对显微图像进行灰度值或光密度值分析，就不能对采集的原始图像进行预处理，否则可造成错误的定量分析结果。常用的图像预处理方法有增强图像亮度、对比度及色彩饱和度、直方图均衡、平滑处理、锐化处理、阴影校正、灰度变换、反显、伪彩色处理等。对比度增强适用于切片染色不佳而造成的对比度差的情况，可通过直方图拉伸、直方图均衡等方法处理。图像系统中的"噪声"是指由光学现象产生的，表现为图像毛糙现象，可使用平滑滤波、高斯滤波等使图像背景均匀。阴影是指均匀的视场内存在着色不均匀的电子反应，它可能是光路穿过透镜时发生变化引起的透镜阴影或由于图像源受到不均匀的光照等原因造成，一般图像分析系统均有阴影修正功能，使修正后的图像边界清晰、真实、对比强而明显。各种图像增强方法都只能在一定程度上改善图像的质量，并不存在某种普遍适用的方法，在具体操作过程中，可根据图像的实际情况，选择实用的增强方法。

此外，图像编辑是一种较为实用的预处理技术，通过删除、去背景等方法，去除图像中一些不利于分析的因素，使其成为一幅适合分析的图像。例如需要分析的目标物为单个被选中的细胞，有少量形状与细胞类似的杂物在图像分割过程中可能同时被选上，可以通过删除的方法逐个去除。

（三）图像分割

图像分割是指从显微图像中将需要分析的目标物如细胞核、细胞质或颜色相近区域单独分离出来，供后续分析计算使用。在计算机图像分析系统中，有效分割图像能提高分析效率。全屏分割是指对整幅图像进行分割，需通过设定一定阈值来完成，故也称阈值分割。阈值分割将图像分成两部分，分别为大于阈值和小于阈值的像素群。如果将大于阈值的像素群设为黑色，小于阈值的像素群全部设为白色，这样就得到一幅黑白分明的二值图。黑白图像分割只需调节亮度分量的上下阈值即可，彩色图像分割时，需在直方图中用鼠标分别拉动红、绿、蓝 3 个分量的滑块，调整分割阈值，系统则随之调整分割目标，将颜色值介于阈值上下限之间的点作为目标分割出来。如果只需测细胞质，而对密度高的细胞核和密度低的背景不感兴趣时，就需在图像中设定上限和下限两个阈值，将小于下限和大于上限的灰度值都设为 0，上限和下限之间的灰度设为 1，就可测量细胞质，这种分割方法称为双阈值分割。

在实际操作中，使用自动分割可达到快速分割的目的。具体方法为：在屏幕上单击图像中希望分割目标上的任一点，系统则根据所选择的目标物颜色自动分割图像，将目标从背景中分割出来。如分割目标是细胞核，则点击细胞核上任一点，系统将所有颜色一致的细胞核分割出来。如果达不到满意结果，可再次点击另一目标上某一点，系统则重新进行分割，直至能将尽可能多的目标分割出来。区域分割是指用方框或圆框选定某区域，对细胞逐个地进行分割。通过以上两步的分割，选择目标物和调整三基色或者灰度值，尽可能多的目标已经被分割出来，如果仍达不到图像分析的要求，则需要进一步调整分割参数。对于少量没有被分割出来的目标物，可通过单独添加目标的手工分割方法将目标物分割出来；在组织切片中，有时目标成分与非目标成分的界限往往不明显，计算机很难将其区分开来，这就需要人工方法帮助分割目标成分。

（四）定量测量与分析

显微图像分析的目的主要是对图像中感兴趣的目标物进行定量分析，得出目标物的面积、周长等几何参数及灰度、吸光度等密度参数，是一个从图像转换为数据的过程。

1. 二维几何参数的测量　几何参数的测量是对待测细胞或组织的形状、大小、轮廓的规则程度等进行分析与定量测定，常用的有面积、周长度、直径测定、等效圆直径测定、细胞核质比测量、细胞长径和短径测量等。面积测定用于反映平面结构的大小，如测量细胞或细胞核的面积变化对区分正常细胞和异常细胞有很重要的价值。等效圆直径测定常用于测量不规则形状的细胞。

2. 灰度测定　一般组织学、组织化学及免疫组织化学等标本上反应产物的染色深浅均可用灰度表示。灰度显示的是图像各部分颜色深浅的程度，灰度值的大小与物质含量的多少成反比，即图像灰度值越小，表示染色越深，图像该处所含物质的量越多。

3. 光密度（optical density，OD）测定　光密度又称吸光度，是生物医学特别是分子生物学实验样品中所要测定的基本参数之一。需注意的是，OD 值的大小与物质含量成正比，即OD 值越大，表示颜色越深，光线被吸收程度愈大，所含物质的量越多。反之 OD 值越小，表示颜色越浅，光线被吸收程度愈小，所含物质的量越少。

4. 体视学测量　在医学上将体视学知识与组织切片标本观察联系起来，是一种可获取更多信息的研究手段，用连续切片可用于立体原形的三维重建。在图像分析中，任何组织切片既可作二维形态计量学分析，也可作三维体视学分析。由于二维形态计量参数是半定量性质的，通过切片获得的数据结果常受切片厚度的影响，所以常用于相对的比较性实验研究。而三维体视学测量可设定多种定量参数，如密度参数、形状参数、分布参数、总体积与总表面参数等，在测量和计算过程中可对切片厚度等影响因素进行校正，目前正在得到越来越广泛的应用。

5. 吸光和发光组织样品的常用测量参数　对于吸光组织/细胞样品，如 DAB 显色的免疫组织化学石蜡切片，显微图像分析系统往往通过检测积分光密度（integrated optical density，IOD）、平均光密度（average optical density，AOD）、平均光密度方差（variance of average optical density）3 种参数来反映细胞内待测物质的定量分析结果。IOD 又称积分吸光度，是测量范围内各像素吸光度的总和，反映被测量范围内各像素吸光物质的总含量；AOD 又称平均吸光度，是测量范围内各像素吸光度的算术平均值，直观反映此范围内组织细胞的染色深浅程度；平均光密度方差是反映测量范围内各像素染色深浅差异的指标，即反映测量范围内各像素间吸光度的离散程度。

对于发光的组织/细胞样品，如细胞爬片的免疫荧光反应结果，图像分析系统也能检测积分光强度（integrated light intensity）、平均光强度（average light intensity）、平均光强度方差（variance of average light intensity）来反映细胞内待测物质的定量分析结果。这 3 种参数反映的意义分别与检测吸光组织/细胞样品的参数类似。

（五）应用显微图像分析系统的注意事项

为了得到比较客观、真实、可重复的显微图像定量分析数据，主要应注意以下事项：

1. 实验条件的一致性　对照组与实验组的切片厚度、染色方法和染色时间等各项操作和每一步骤的处理必须严格一致。

2. 测试样本的质和量　免疫组织/细胞化学染色的质量直接影响到定量分析的结果，用于定量分析的标本尽可能减少非特异性染色，否则可能导致错误的分析结果。在定量分析中，视野数或照片数并不能代替实际研究对象的例数，因此，必须在保证足够样本数量的前提下，应用随机抽样的方法保证每组检测样本具有足够的代表性，才能进行统计学分析。

3. 图像分析系统图像采集、输入条件的一致性　图像采集、输入过程中任何细小变化均可导致显微图像的灰度值或光密度值发生较大变化，因此，在对图像进行采集、输入时，显微镜的光源电压、灯泡亮度、光圈大小、聚光器的位置、物镜的放大倍数及相机的焦距、曝光时间等均应严格保持一致，否则可人为造成定量分析结果的误差，甚至出现完全错误的分析结果。

4. 显微图像的保真性　应高度保持图像采集装置初始采集图像信息的真实性，经预处理的组织细胞图像对于细胞面积、周长、直径等几何参数的测定影响不大，但其光密度信息已发生变化，对目标物中化学物质含量的测定已不再适合。图像的亮度、色彩饱和度、对比度与分析者的主观意识密切相关，因此图像输入过程中分析者不能对显微图像进行变更亮度、对比度等预处理。此外，在实践操作中往往图像采集与图像分析并非连续完成，需将所采集的图像储存在计算机硬盘，为保证再次调出图像信息的保真性，建议采用 BMP、TIF 格式保存图像。

第三节　图像分析软件在免疫组织/细胞化学定量分析中的应用

常见的图像分析软件有 GSA Image Analyser、Image Pro Plus（IPP）、Image J、Motic Fluo 1.0、Basic Research 等，其中以 Image J、IPP、Motic Fluo 1.0 应用较为广泛。Motic

Fluo 1.0 是 Motic 新近开发的生物图像分析、处理中文软件，操作者容易上手，该软件配合光学显微镜可应用于细胞形态学分析、三维图像重建、免疫组织化学、双重免疫荧光染色后的荧光图像分析、分子病理学研究等。Image J 是美国国立卫生研究院开发的多功能、免费软件（官网：http：// imagej. nih. gov/ ij/，可免费下载原版安装包及大量插件），分析处理的结果受到普遍承认。下面分别简要介绍应用 Motic Fluo 1.0、Image J 对免疫组织化学进行定量分析的使用方法。

一、应用 Motic Fluo 1.0 对免疫组织化学 DAB 显色图像进行灰度值、光密度等分析

1. 安装 Motic Fluo 1.0 软件后双击其快捷键图标启动软件，打开要进行分析的图片：依次点击"文件＞导入图像或 Motic 设备＞目标图片"。界面如图 8－1 所示。

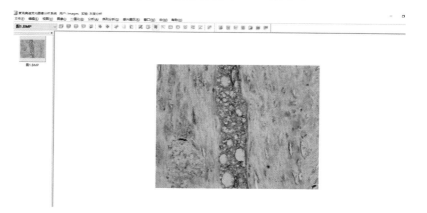

图 8－1　启动分析

2. 图像分割　依次点击"二值化＞图像二值分割"，在弹出的界面中间部分点击"分割算法"下的下拉条，选择"单点分割（应用于整个图片）"或"生长点分割（应用于局部）"，再点击旁边的阈值设定，根据要分析的目标颜色（如免疫组织化学呈阳性的浅黄、黄色、黄褐色）的灰度值设置阈值，随后在该图片的任意目标颜色上双击鼠标即可选中整幅图像中的目标颜色（此图像中黄褐色为目标颜色，双击后被选中变红色）。软件界面如图 8‐2 所示。

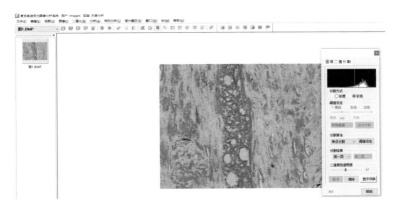

图 8‐2　图像分割

3. 对选中的目标颜色（黄褐色）进行分析　依次点击"分析＞二值图形形态分析"，在弹出的界面中勾选好自己所需的分析指标（本例选择灰度值、平均光密度、积分光密度），点击"显示结果"，随后系统就会将图片中被选择的单个目标以及整体的分析指标结果显示出来。软件界面如图 8‐3 所示。

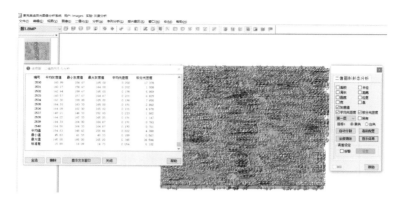

图 8-3　颜色分析

同法测量多张图片的平均灰度值、平均光密度、平均积分
光密度后就可以用统计学软件进行定量比较。

二、应用 Image J 软件对免疫荧光图片进行定量分析

1. 从官网下载 Image J 软件，解压后双击 Image J 打开应
用程序。软件界面如图 8-4 所示。

图 8-4　打开程序

2. 打开要进行分析的图片　依次点击 "File＞open＞目标
图片"。界面如图 8-5 所示。

3. 将目标图片转换成 8 bit 的灰度图　Image＞Type＞8-
bit。界面如图 8-6 所示。

4. 黑白反转　Edit＞Invert。界面如图 8-7 所示。

说明：软件默认为测量灰度值，对荧光彩色图片分析需改

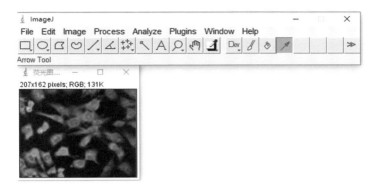

图 8-5 打开分析图片

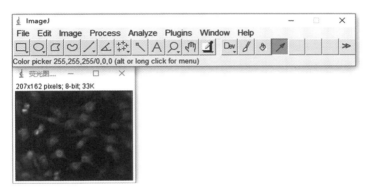

图 8-6 图片转换

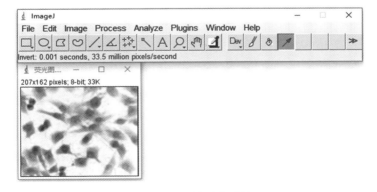

图 8-7 图片黑白反转

为更加适用的光密度。由于图像越白光密度值越小，越黑光密度数值越大，纯白的光密度为 0，理论上纯黑的光密度是无限大，而灰度值越小代表颜色越深，因此我们需要将上一步所转换的图进行黑白反转，否则测出来的数值就会刚好相反，荧光越亮反而数值越小。

5. 校正光密度　Analyze＞Calibrate，在弹出来的界面的 Function 选择 Uncalibrated OD，并在界面左下方勾选 Global calibration，然后点击右下的 OK 按钮后会跳出校正后的光密度曲线。界面如图 8-8 所示。

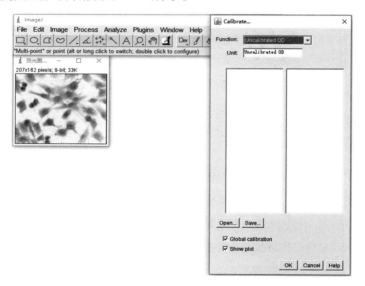

图 8-8　校正光密度

说明：如果不勾选 Global calibration，光密度的校正只对这张图片有效，由于一般都要先后分析多张图片，因此需要勾选 Global calibration。在打开另一图片进行分析时会提示是否将此校正应用于所有图片，勾选 Disable these Messages，而不勾选 Disable Global Calibration。

6. 选择测量单位（默认为像素）　Analyze＞Set scale，在弹出的界面里点击中间的 click to Remove Scale，勾选下面的 Global（与第 5 步同理），再点击 OK。界面如图 8-9 所示。

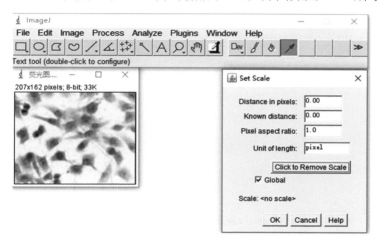

图 8-9　选择测量单位

7. 选择测量项目：Analyze＞Set Measurements，在弹出界面中选择需要测量的项目，如常用的 Area、Integrated density，并根据自己的需要选择性勾选 Limit to threshold（如勾选，则是指只测量选中的范围；如不勾选，就会测量整张图片数据），再点击 OK。界面如图 8-10 所示。

8. 选择测量域值　Image＞Adjust＞Threshold，通过滑动弹出界面中间的滑块选择合适的阈值，使图片中的细胞或待测目标刚好全部被选中，选好之后再点击 Set，在弹出来的界面点击 OK。界面如图 8-11 所示。

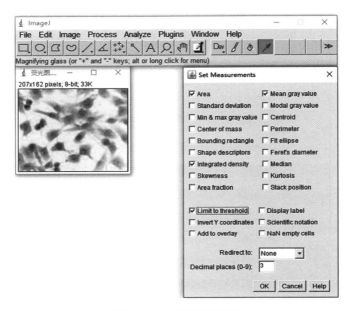

图 8‑10 选择测量项目

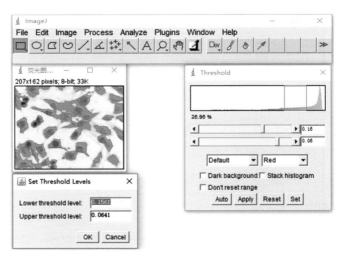

图 8‑11 选择测量域值

9. 测量分析并显示分析结果数据：Analyze＞Measure 界面如图 8‑12 所示。

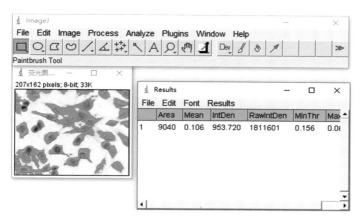

图 8 - 12　测量结果

　　说明：结果（Results）中的 Area 为红色荧光细胞占据图
中的面积；Mean 为红色荧光细胞的平均光强度（IntDen 除以
Area 的数值得出）；IntDen 就是所选范围的积分光强度（光强
度的总和）。可将结果界面中的数据复制到 Excel 等文件进行
保存，同法测量多张图片的平均光强度及积分光强度后就可以
用统计学软件进行定量比较。应用该软件对免疫组织化学
DAB 显色图像进行光密度分析的方法与免疫荧光图像的分析
方法相似。

（谢远杰　莫中成）

参考文献

[1] 李和，周德山. 组织化学与细胞化学技术［M］. 3 版. 北京：人民卫生
　　出版社，2021：305 - 328.

[2] 徐维蓉. 组织学实验技术［M］. 北京：科学出版社，2009：158 - 160.

第九章　重要免疫组织化学相关试剂配制

一、固定液的配制

（一）醛类固定剂

1. 10%钙-甲醛液　浓甲醛 10 mL，饱和碳酸钙 90 mL。

2. 4%中性甲醛　10%中性缓冲福尔马林液，浓甲醛 10 mL，0.1 mol/L pH 7.4 PBS 90 mL。

3. 4%多聚甲醛磷酸缓冲液　多聚甲醛 40 g，0.1 mol/L pH 7.4 PBS 液 500 mL，两者混合加热至 60 ℃，搅拌并滴加 1 mol/L NaOH 至清晰为止，冷却后加 PBS 液至总量 1000 mL。

4. 4%多聚甲醛-磷酸二氢钠/氢氧化钠　多聚甲醛 40 g，先溶解多聚甲醛，然后加 $Na_2HPO_4 \cdot 2H_2O$ 16.88 g，NaOH 3.86 g，加蒸馏水至总量 1000 mL。

5. 戊二醛-甲醛液　戊二醛 1 mL，浓甲醛 10 mL，蒸馏水加至 100 mL。

6. 甲醛升汞固定液　浓甲醛 10 mL，氯化汞 6 g，乙酸钠 1.25 g，蒸馏水 90 mL。

7. 乙酸-甲醛液　浓甲醛 10 mL，冰乙酸 3 mL，生理盐水加至 100 mL。

8. Bouin 液及改良 Bouin 液　苦味酸饱和液（1.22%）、

甲醛和冰乙酸按 15∶5∶1 的比例混合，改良 Bouin 液即不加冰乙酸。

9. Zamboni 液　称取多聚甲醛 20 g，加入饱和苦味酸 150 mL，加热至 60 ℃左右，持续搅拌使充分溶解、过滤、冷却后，加 Karasson-Schwlt's PB 至 1000 mL 充分混合。

10. Karnovsky's 液（pH 7.3）　先将多聚甲醛溶于 0.1 mol/L PB 中，再加入戊二醛，最后加 0.1 mol/L 的 PB 至 1000 mL，混匀。

11. 过碘酸盐-赖氨酸-多聚甲醛固定液（PLP 液）

(1) 储存液 A（0.1 mol/L 赖氨酸-0.5 mol/L Na_3PO_4，pH 值 7.4）：称取赖氨酸盐酸盐 1.827 g 溶于 50 mL 蒸馏水中，得 0.2 mol/L 的赖氨酸盐酸盐溶液，然后加入 Na_2HPO_4 至 0.1 mol/L，将 pH 调至 7.4，补足 0.1 mol/L 的 PB 至 100 mL，使赖氨酸浓度也为 0.1 mol/L，4 ℃冰箱保存，最好两周内使用。此溶液的渗透浓度为 300 mOsm/(kg·H_2O)。

(2) 储存液 B（8%多聚甲醛溶液）：称 8 g 多聚甲醛加入 100 mL 蒸馏水中，配成 8%多聚甲醛液（方法见前）。过滤后 4 ℃冰箱保存。

(3) 临用前，以 3 份 A 液与 1 份 B 液混合，再加入结晶过碘酸钠（$NaIO_4$），使 $NaIO_4$ 终浓度为 2%。由于 AB 两液混合，pH 从约 7.5 降至 6.2，故固定时不需再调 pH 值。

Mclean 和 Nakane 等认为，最佳的混合是：含 0.01 mol/L 过碘酸盐、0.075 mol/L 赖氨酸、2%多聚甲醛及 0.037 mol/L 磷酸缓冲液。

（二）非醛类固定剂

1. Zenker 液　重铬酸钾 2.5 g，氯化汞 5.0 g，硫酸钠 1.0 g，蒸馏水 100 mL，混合溶解后，临用时加冰乙酸 5 mL。

2. 碳化二亚胺液［1-ethyl-3（3-dimethyl-aminopropyl）-HCl］：2 g 溶于 100 mL 0.01 mol/L pH 7.4 PBS 中。

3. 先以约 500 mL 的 PB 与相同体积的 PBS 混合，加入 Tris（使其终浓度为 1.4%）溶解，以浓 HCl 调 pH 值至 7.0，再将事先称取好的 ECD 和戊二醛加入混合液，振摇后计时，用 pH 计检测，2～3 min 时，pH 值降至 6.6，再以 1 mol/L 的 NaOH 在 4 min 内调 pH 值至 7.0。

4. 0.4% 对苯醌（parabenzoquinone）　对苯醌 4.0 g 溶于 0.01 mol/L PBS 1000 mL。

5. PFG 液（parabenzoquinone-formaldehyde-glutaraldehyde fixative, PFG）：对苯醌 20 g、多聚甲醛 15 g、25% 戊二醛 40 mL，加 0.1 mol/L 二甲酸钠缓冲液至 1000 mL。

6. 四氧化锇［锇酸（Osmic Acid, OsO_4）］

（1）2% OsO_4 储备液：取 OsO_4 1 g 溶于双蒸水中。

（2）1% OsO_4-PB：A 液 2.26% $NaH_2PO_4 \cdot 2H_2O$ 4.15 mL，B 液 2.52% NaOH 溶液 8.5 mL，C 液 5.4% 葡萄糖溶液 5 mL。配制方法：先分别配好 A、B、C 3 种液体，取 A 液 41.5 mL 与 B 液 8.5 mL 混合，将 pH 值调至 7.3～7.4，取 A-B 混合液 45 mL 再与 5 mL C 液混合即为 0.12 mol/L PBG。

（3）1% OsO_4/0.1 mol/L 二甲胂酸钠缓冲液（pH 7.2～7.4）10 mL：取 2% OsO_4 储备液 10 mL 与等量 0.2 mol/L、 pH 7.2～7.4 的二甲胂酸钠缓冲液充分混合即可。

（三）丙酮及醇类固定剂

1. Clarke 改良剂　100％乙醇 95 mL，冰乙酸 5 mL。

2. 乙醚（或氯仿）与乙醇等量混合液。

3. AAF 液　95％～100％乙醇 85 mL，冰乙酸 5 mL，浓甲醛 10 mL。

4. Carnoy 液　100％乙醇 60 mL，氯仿 30 mL，冰乙酸 10 mL，混合后 4 ℃保存备用。

5. Methacarn 液　甲醇 60 mL，氯仿 30 mL，冰乙酸 10 mL，混合后 4 ℃保存备用。储存条件：常温运输，4 ℃保存，有效期半年。

二、主要染色剂的配制

（一）苏木精、伊红的配制

苏木精的配制方法很多，最常用的为 Harris 苏木精和 Ehrlich 苏木精。

1. Harris 苏木精

A 液：苏木精 1 g，100％乙醇 10 mL。

B 液：钾（铵）明矾 20 g，蒸馏水 200 mL。

先搅拌 A 液，使苏木精溶解。将 B 液煮沸熔化，离火，加入 A 液，煮沸后离火，加入氧化汞 0.5 g 搅拌溶解，迅速冷却后加入冰乙酸 8 mL，过滤。此液已加氧化剂以加速氧化，可随配随用。但久存后，染色效果会降低。

2. Ehrlich 苏木精　将苏木精 2 g 溶于 95％乙醇 100 mL，

后加入蒸馏水 100 mL，纯甘油 100 mL，钾矾 3 g，冰乙酸 10 mL。混合后，用纱布封好瓶口，不时摇动，约 2 周即可成熟使用，并可长期保存。

3. 伊红的配制比较简单，可配制成 0.1%～1%水溶液，或者用 95%乙醇配成 0.1%～1%伊红乙醇溶液。因为伊红水溶液染色常在后来的乙醇脱水时脱色，故常用伊红乙醇溶液染色。

（二）Wright's 染料

1. 原液配制　先将 0.1 g Wright's 粉剂加入乳钵中，充分研磨，越细越好，再将 60 mL 甲醇溶液逐步加入乳钵内，待染料完全溶解，密封，1 个月后使用。

2. 稀释液配制　瑞特染料对氢离子浓度极为敏感，因此用缓冲溶液稀释染料。pH 6.4 磷酸盐缓冲溶液：磷酸二氢钾 6.63 g，磷酸氢二钠 2.56 g，蒸馏水 1000 mL。

（三）Giemsa's 染料

1. 原液配制　先将 0.8 g Giemsa's 粉剂溶于 50 mL 甲醇溶液中。50 mL 甘油加热至 58 ℃。2 h 后，待 Giemsa's 粉剂完全溶解，再缓慢加入加热后的甘油，充分摇匀，置入 37 ℃温箱中，8～12 h。取出后，用有色玻璃瓶密封保存，一般在 12～24 h 后便可使用。

2. 磷酸盐缓冲液配制　A 液：磷酸氢二钠 4.733 g，溶于 500 mL 蒸馏水中。B 液：磷酸二氢钾 4.535 g，溶于 500 mL 蒸馏水中。

3. Giemsa's 稀释液配制　Giemsa's 原液 1 mL，磷酸盐缓

冲液 10 mL（A 液 4 mL，B 液 6 mL）混合，现配现用。

（四）银染法染料-氨性银溶液

取 10％硝酸银溶液 20 mL，加入 40％氢氧化钠溶液 20 滴，立即产生褐色沉淀，不断摇动，使其作用均匀，待片刻让沉淀完全沉入瓶底，然后倒去上清液，留下沉淀。用蒸馏水反复洗 3 次，倒去蒸馏水。逐滴加入氢氧化铵，边摇动边滴入，可见沉淀逐渐溶解。为避免氨水过量，最后可保留极少几颗沉淀，再加入蒸馏水至 80 mL。过滤后即可应用，溶液保存于阴凉处。

（五）过碘酸希夫显示法（PAS 反应）染色试剂

1. 0.5％高碘酸溶液　高碘酸 0.5 g，蒸馏水 100 mL。

2. 希夫（Schiff）剂　碱性复红 0.2 g，研磨后加蒸馏水 100 mL，加热溶解过滤冷却至 58 ℃加 1 mol/L HCl 10 mL，再冷却至 25 ℃，加入重亚硫酸钠 0.5 g，充分摇匀置低温暗处，直至溶液呈透明无色后方能使用。

（六）苏丹Ⅳ染液

1. 试剂　苏丹Ⅳ 0.5 g，70％乙醇 25 mL，丙酮 25 mL。

2. 配法　先将乙醇与丙酮混合，再加入苏丹Ⅳ充分摇匀，过滤后密封保存，以备染色。

（七）4％（台盼蓝）染液

称取 4 g 台盼蓝，加少量双蒸水研磨，加双蒸水至 100 mL，用粗滤纸过滤，4 ℃保存。使用时，用 PBS 稀释至 0.4％。

三、显色液

（一）DAB（diaminobenzidine）显色液

试剂：DAB 即 3，3 - 二氨基苯联胺（常用四盐酸盐）50 mg；0.05 mol/L TB 100 mL；30% H_2O_2 30～40 μL。

配制方法：先以少量 0.05 mol/L（pH 7.6）的 TB 溶解 DAB，然后加入余量 TB，充分摇匀，使 DAB 终浓度为 0.05%，过滤后显色前加入 30% H_2O_2 30～40 μL，使其终浓度为 0.01%。DAB 有致癌作用，操作时应格外小心，避免直接与皮肤接触，用后的器皿应充分冲洗，用后的 DAB 液不应冲入下水道，应集中深埋或清洁液处理后弃之。

（二）4 - 氯 - 1 - 萘酚（4-Cl-1-Naphthol）显色液

配方：4 - Cl - 1 - 萘酚 100 mg；纯乙醇 10 mL；0.05 mol/L TB（pH 7.6）190 mL；30% H_2O_2 10 μL（0.003%）。

配制方法：先将 4 - Cl - 1 - 萘酚溶解于乙醇中，然后加入 TB 19 mL，用前加入 30% H_2O_2 使其终浓度为 0.005%，切片显色时间通常为 5～20 min。

（三）3 - 氨基 - 9 - 乙基卡唑（3-amino-9-ethylcarbozole，AEC）显色液

试剂：AEC 20 mg；二甲基甲酰胺（DMF）2.5 mL；0.05 mol/L 乙酸缓冲液（pH 5.5）50 mL；30% H_2O_2 25 mL。

配制方法：先将 AEC 溶于 DMF 中，再加入乙酸缓冲液充分混匀。临显色前，加入 30% H_2O_2。切片显色时间为 5～

20 min。该显色液作用后，阳性部分呈深红色，加入苏木精或亮绿等作为背景染色，则效果更佳。由于终产物溶于乙醇和水，故需用甘油封固。

（四）TMB 显色液

1. 乙酸盐缓冲液　取 1.0 mol/L 的 HCl 190 mL 加入 1.0 mol/L 的乙酸钠 400 mL 中混合，再加蒸馏水稀释至 1000 mL，用乙酸或 NaOH 将 pH 值调至 3.3。

2. A 液　取上述缓冲液 5 mL，溶解 100 mg 亚硝基铁氰化钾，加蒸馏水 92.5 mL 混合。

3. B 液　称取 5 mg TMB 加入 2.5 mL 无水乙醇中，可加热至 37 ℃～40 ℃ 直到 TMB 完全溶解。

4. 孵育液　放入标本前数秒，取 2.5 mL B 液及 97.5 mL A 液于试管中充分混合（液体在 20 min 内应保持清亮的黄绿色，否则可能已有污染）。酶反应时，加入终浓度为 0.005% 的 H_2O_2。

（五）NBT 显色液

1. 试剂 A 液　5% NBT：称取 0.5 g NBT 溶于 10 mL 70% DMF（二甲基甲胺）内，充分混合，常存于 4 ℃，也可装成小份，−20 ℃ 保存，用前复温。

2. 试剂 B 液　5% BCIP：称取 BCIP 0.5 g 溶于 10 mL 100% DMF 内，混匀。4 ℃或分装存于 −20 ℃，用前复温。

3. 试剂 C 显色液　取 A 液 40 μL，加入盛有 10 mL 的 0.1mol/L Tris-HCl（pH 9.5，0.1 mol/L NaCl、5 mmol/L $MgCl_2$）管内，充分混匀；再加入 B 液 40 μL，轻轻混合即可。

最好用前新鲜配制。

（六）硝酸银显色液

1. 2％明胶（或 25％阿拉伯胶水溶液）60 mL。

2. 枸橼酸缓冲液（pH 3.5）10 mL。

3. 对苯二酚 1.7 g 加双蒸水至 10 mL。

4. 硝酸银 50 mg 加双蒸水至 2 mL。

5. 液用前依次混合，最后加入 4 液，注意避光。此显色液的 25％阿拉伯胶可用双蒸水代替，但此时反应明显加快，要在镜下密切观察。

（七）乳酸银显色液

1. 20％阿拉伯胶 60 mL。

2. 枸橼酸缓冲液（pH 3.5）10 mL。

3. 对苯二酚 0.85 g/15 mL。

4. 乳酸银 110 mg/15 mL。

以上 1～3 液用前依次混合，最后加入 4 液，注意避光。此显色液的 25％阿拉伯胶可用双蒸水代替，但此时反应明显加快，要在镜下密切观察。

（八）乙酸银显色液

1. 乙酸银 100 mg/50 mL 双蒸水。

2. 10％明胶 10 mL。

3. 枸橼酸缓冲液（pH 3.5）1.7 g 加双蒸水至 10 mL。

4. 对苯二酚 600 mg。

配制方法：将对苯二酚溶于第 3 液，然后将第 2、第 3 液混合过滤，再加入第 1 液。

（九）α-萘酚显色液（1）

试剂：α-萘酚 AS-BI 磷酸盐 1 mg，坚固红 TR 盐 2 mg，底物缓冲液 2 mL，二甲基甲酰胺（DMF）40 μL。

配制方法：先将 α-萘酚 AS-BI 磷酸盐溶于 40 μL DMF中，再加入底物缓冲液 2 mL，临用前 10 min 加坚固红 TR 盐。其中，要提前配制底物缓冲液（pH 8.2～8.3）：0.2 mol/L Tris 50 mL；0.1 mol/L HCl 40 mL；$Mg_2Cl \cdot 6 H_2O$ 20.3 mg；左旋咪唑 20.4 mg；双蒸水加至 100 mL。

（十）α-萘酚显色液（2）

试剂：α-萘酚 AS-BI 磷酸盐 5 mg，DMF 0.05 mL，丙二醇缓冲液（0.05 mol/L，pH 9.8）5 mL，坚牢蓝 BB 盐 2 mg。

配制方法：先将 α-萘酚溶于 DMF 中，然后加入丙二醇缓冲液，临用前加入坚牢蓝 BB 盐，溶解过滤后使用。其中，需要提前配制 2 mol/L 丙二醇缓冲液（储备液）：2-氨基-2-甲基-1.3 丙二醇 35.64 g；6 mol/L HCl 32 mL；0.005 mol/L $MgCl_2$ 4 mL；左旋咪唑 480 mg；双蒸水加至 200 mL；用 HCl 或 NaOH 调 pH 值至 9.8。取上述储备液 1 mL 用双蒸水稀释至 40 mL 备用。

（十一）α-萘酚显色液（3）

试剂：α-萘酚 15 mg，DMF 0.5 mL，坚牢蓝 BB 盐 30 mg，0.05mol/L Tris-HCl（pH 9.1）50 mL；左旋咪唑 12 mg。

配制方法：先将 α-萘酚溶于 DMF 中，加入坚牢蓝，再加入 Tris-HCl 缓冲液，最后加入左旋咪唑，完全溶解过滤后立即使用。显色为 37 ℃，15～30 min，用 0.1%中性红复染 30 s～1 min 自来水冲洗，丙酮分化 5 s，流水冲洗。

四、缓冲液

免疫细胞化学中应用的缓冲液种类较多，即使是同种缓冲液，其浓度、pH 、离子强度等也常常不同。

（一）常用缓冲液的配制

1. 0.2 mol/L（pH 7.4）磷酸盐缓冲液（phosphate buffer，PB)

试剂：$NaH_2PO_4 \cdot 2H_2O$，$Na_2HPO_4 \cdot 12H_2O$。

配制方法：配制时，常先配制 0.2 mol/L 的 NaH_2PO_4 和 0.2 mol/L 的 Na_2HPO_4，两者按一定比例混合即成 0.2 mol/L 的磷酸盐缓冲液（PB），根据需要可配制不同浓度的 PB 和 PBS。

（1）0.2 mol/L 的 Na_2HPO_4：称取 $Na_2HPO_4 \cdot 12H_2O$ 31.2 g（或 $NaH_2PO_4 \cdot H_2O$ 27.6 g）加双蒸水至 1000 mL 溶解。

（2）0.2 mol/L 的 Na_2HPO_4：称取 $NaHPO_4 \cdot 12H_2O$ 71.632 g（或 $Na_2HPO_4 \cdot 7H_2O$ 53.6 g 或 $Na_2HPO_4 \cdot 2H_2O$ 35.6 g）加双蒸水至 1000 mL 溶解。

（3）0.2 mol/L pH 7.4 的 PB 的配制：取 19 mL 0.2 mol/L 的 NaH_2PO_4 和 81 mL 0.2 mol/L 的 $Na_2HPO_4 \cdot 12H_2O$，充分混合即为 0.2 mol/L 的 PB（pH 7.4～7.5）。若 pH 值偏高或

偏低，可通过改变两者的比例来加以调整，室温保存即可。

2. 0.01 mol/L 磷酸盐缓冲生理盐水（phosphate buffered saline，PBS）

试剂：0.2 mol/L PB 50 mL，NaCl 8.5～9 g（约 0.15 mol/L），加双蒸水至 1000 mL。

配制方法：称取 NaCl 8.5～9 g 及 0.2 mol/L 的 PB 50 mL，加入 1000 mL 的容量瓶中，最后加双蒸水至 1000 mL，充分摇匀即可。若拟配制 0.02 mol/L 的 PBS，则 PB 量加倍即可。

3. Karasson-Schwlt's 磷酸盐缓冲液　$NaH_2PO_4 \cdot H_2O$ 3.31 g，$Na_2HPO_4 \cdot 7H_2O$ 33.77 g，双蒸水至 1000 mL。

4. 0.5 mol/L pH 7.6 的 Tris-HCl 缓冲液

试剂：Tris（三羟甲基氨基甲烷）60.57 g，1 mol/L HCl 约 420 mL，加双蒸水至 1000 mL。

配制方法：先以少量双蒸水（300～500 mL）溶解 Tris，加入 HCl 后，用 1 mol/L 的 HCl 或 1 mol/L 的 NaOH 将 pH 值调至 7.6，最后加双蒸水至 1000 mL。此液为储备液，于 4 ℃冰箱中保存。免疫细胞化学中常用的 Tris-HCl 缓冲液浓度为 0.05 mol/L，用时取储备液稀释 10 倍即可。该液主要用于配制 Tris 缓冲生理盐水（TBS）、DAB 显色液。

5. 1 mol/L Tris-HCl（pH 7.4，7.6，8.0）　①称量 121.1 g Tris 置于 1 L 烧杯中。②加入约 800 mL 的去离子水，充分搅拌溶解。③按量加入浓盐酸调节所需的 pH 值（pH 7.4 约加浓盐酸 70 mL；pH 7.6 约加浓盐酸 60 mL；pH 8.0

约加浓盐酸 42 mL）。④将溶解定容至 1 L。

6. 1.5 mol/L Tris-HCl（pH 值 8.8）　①称取 181.7 g Tris 置于 1 L 烧杯中。②加入约 800 mL 去离子水，充分搅拌溶解。③用浓盐酸调 pH 至 8.8。④将溶液定容至 1 L。

7. Tris 缓冲生理盐水（Tris Buffered Saline，TBS）

试剂：0.5 mol/L Tris-HCl 缓冲液 100 mL，NaCl 3.5～9 g（0.15 mol/L），加双蒸水至 1000 mL。

配制：先以双蒸水少许溶解 NaCl，再加 Tris-HCl 缓冲液，最后加双蒸水至 1000 mL，充分摇匀使 Tris 终浓度为 0.05 mol/L。TBS 主要用于漂洗标本，常用于免疫酶技术中。

8. Tris-TBS（PBS）

试剂：Triton X－100 10 mL（1%）或 3 mL（0.3%），0.5 mol/L Tris 缓冲液（pH 7.6）1000 mL（50 mL）或（0.2 mol/L 的 PB），NaCl 8.5～9 g，双蒸水至 1000 mL。

配制方法：先以双蒸水少许溶解 NaCl 后，加入 Triton X－100 及 Tris 缓冲液或（PB），最后加双蒸水至 1000 mL，充分摇匀。该液常用浓度为 1% 及 0.3%，前者主要用于漂洗标本，后者主要用于稀释血清。

9. 0.1 mol/L（pH 7.4）二甲胂酸缓冲液

试剂：0.2 mol/L 二甲胂酸钠 500 mL；0.1 mol/L HCl 28 mL；加双蒸水至 1000 mL。

配制方法：先称取二甲胂酸钠（MW：214）42.8 g，加蒸馏水至 1000 mL，使 0.2 mol/L 的二甲胂酸钠溶液；再取 HCl 1.7 mL 加蒸馏水至 1000 mL ，配成 0.1 mol/L，最后取

0.2 mol/L 二甲胂酸钠溶液 500 mL 及 0.1 mol/L HCl 28 mL 混合，加蒸馏水至 1000 mL，即为 0.1 mol/L 的二甲胂酸钠缓冲液。

（二）其他几种的不同 pH 值缓冲液的配制

1. 不同 pH 值的磷酸盐缓冲液

（1）磷酸盐缓冲液（pH 2.5）：取磷酸二氢钾 100 g，加水 800 mL，用盐酸调节 pH 值至 2.5，用水稀释至 1000 mL。

（2）磷酸盐缓冲液（pH 5.0）：取 0.2 mol/L 磷酸二氢钠溶液一定量，用氢氧化钠试液调节 pH 值至 5.0，即得。

（3）磷酸盐缓冲液（pH 5.8）：取磷酸二氢钾 8.34 g 与磷酸氢二钾 0.87 g，加水使溶解成 1000 mL，即得。

（4）磷酸盐缓冲液（pH 6.5）：取磷酸二氢钾 0.68 g，加 0.1 mol/L 氢氧化钠溶液 15.2 mL，用水稀释至 100 mL，即得。

（5）磷酸盐缓冲液（pH 6.6）：取磷酸二氢钠 1.74 g、磷酸氢二钠 2.7 g 与氯化钠 1.7 g，加水使溶解成 400 mL，即得。

（6）磷酸盐缓冲液（含胰酶，pH 6.8）：取磷酸二氢钾 6.8 g，加水 500 mL 使溶解，用 0.1 mol/L 氢氧化钠溶液调节 pH 值至 6.8；另取胰酶 10 g，加水适量使溶解，将两液混合后，加水稀释至 1000 mL，即得。

（7）磷酸盐缓冲液（pH 6.8）：取 0.2 mol/L 磷酸二氢钾溶液 250 mL，加 0.2 mol/L 氢氧化钠溶液 118 mL，用水稀释至 1000 mL，摇匀，即得。

（8）磷酸盐缓冲液（pH 7.0）：取磷酸二氢钾 0.68 g，加

0.1 mol/L 氢氧化钠溶液 29.1 mL，用水稀释至 100 mL，即得。

（9）磷酸盐缓冲液（pH 7.2）：取 0.2 mol/L 磷酸二氢钾溶液 50 mL 与 0.2 mol/L 氢氧化钠溶液 35 mL，加新煮沸过的冷水稀释至 200 mL，摇匀，即得。

（10）磷酸盐缓冲液（pH 7.3）：取磷酸氢二钠1.9734 g与磷酸二氢钾 0.2245 g，加水使溶解成 1000 mL，调节 pH 值至 7.3，即得。

（11）磷酸盐缓冲液（pH 7.6）：取磷酸二氢钾27.22 g，加水使溶解成 1000 mL，取 50 mL，加 0.2 mol/L 氢氧化钠溶液 42.4 mL，再加水稀释至 200 mL，即得。

（12）磷酸盐缓冲液（pH 7.8）：

甲液：取磷酸氢二钠 35.9 g，加水溶解，并稀释至 500 mL。

乙液：取磷酸二氢钠 2.76 g，加水溶解，并稀释至 100 mL。

取上述甲液 91.5 mL 与乙液 8.5 mL 混合，摇匀，即得。

（13）磷酸盐缓冲液（pH 7.8～8.0）：取磷酸氢二钾 5.59 g 与磷酸二氢钾 0.41 g，加水使溶解成 1000 mL，即得。

2. 甲酸钠缓冲液（pH 3.3）　取 2 mol/L 甲酸溶液 25 mL，加酚酞指示液 1 滴，用 2 mol/L 氢氧化钠溶液中和，再加入 2 mol/L 甲酸溶液 75 mL，用水稀释至 200 mL，调节 pH 值至 3.25～3.30，即得。

3. 邻苯二甲酸盐缓冲液（pH 5.6）　取邻苯二甲酸氢钾

10 g，加水 900 mL，搅拌使溶解，用氢氧化钠试液（必要时用稀盐酸）调节 pH 值至 5.6，加水稀释至 1000 mL，混匀，即得。

4. 不同 pH 值的乙酸盐缓冲液

（1）乙酸盐缓冲液（pH 3.5）：取乙酸铵 25 g，加水 25 mL 溶解后，加 7 mol/L 盐酸溶液 38 mL，用 2 mol/L 盐酸溶液或 5 mol/L 氨溶液准确调节 pH 值至 3.5（电位法指示），用水稀释至 100 mL，即得。

（2）乙酸-锂盐缓冲液（pH 3.0）：取冰乙酸 50 mL，加水 800 mL 混合后，用氢氧化锂调节 pH 值至 3.0，再加水稀释至 1000 mL，即得。

（3）乙酸-乙酸钠缓冲液（pH 3.6）：取乙酸钠 5.1 g，加冰乙酸 20 mL，再加水稀释至 250 mL，即得。

（4）乙酸-乙酸钠缓冲液（pH 3.7）：取无水乙酸钠 20 g，加水 300 mL 溶解后，加溴酚蓝指示液 1 mL 及冰乙酸 60～80 mL，至溶液从蓝色转变为纯绿色，再加水稀释至 1000 mL，即得。

（5）乙酸-乙酸钠缓冲液（pH 3.8）：取 2 mol/L 乙酸钠溶液 13 mL 与 2 mol/L 乙酸溶液 87 mL，加每 1 mL 含铜 1 mg 的硫酸铜溶液 0.5 mL，再加水稀释至 1000 mL，即得。

（6）乙酸-乙酸钠缓冲液（pH 4.5）：取乙酸钠 18 g，加冰乙酸 9.8 mL，再加水稀释至 1000 mL，即得。

（7）乙酸-乙酸钠缓冲液（pH 4.6）：取乙酸钠 5.4 g，加水 50 mL 使溶解，用冰乙酸调节 pH 值至 4.6，再加水稀释至

100 mL，即得。

（8）乙酸-乙酸钠缓冲液（pH 6.0）：取乙酸钠 54.6 g，加 1 mol/L 乙酸溶液 20 mL 溶解后，加水稀释至 500 mL，即得。

（9）乙酸-乙酸钾缓冲液（pH 4.3）：取乙酸钾 14 g，加冰乙酸 20.5 mL，再加水稀释至 1000 mL，即得。

（10）乙酸-乙酸铵缓冲液（pH 4.5）：取乙酸铵 7.7 g，加水 50 mL 溶解后，加冰乙酸 6 mL 与适量的水使成 100 mL，即得。

（11）乙酸-乙酸铵缓冲液（pH 6.0）：取乙酸铵 100 g，加水 300 mL 使溶解，加冰乙酸 7 mL，摇匀，即得。

5. 不同 pH 值的枸橼酸盐缓冲液

（1）枸橼酸盐缓冲液：取枸橼酸 4.2 g，加 1 mol/L 得 20%乙醇制氢氧化钠溶液 40 mL 使溶解，再用 20%乙醇稀释至 100 mL，即得。

（2）枸橼酸盐缓冲液（pH 6.2）：取 2.1%枸橼酸盐溶液，用 50%氢氧化钠溶液调节 pH 值至 6.2，即得。

（3）枸橼酸-磷酸氢二钠缓冲液（pH 4.0）：

甲液：取枸橼酸 21 g 或无水枸橼酸 19.2 g，加水使溶解成 1000 mL，置冰箱内保存。

乙液：取磷酸氢二钠 71.63 g，加水使溶解成 1000 mL。

取上述甲液 61.45 mL 与乙液 38.55 mL 混合，摇匀。

五、酶消化液

（一）0.1％胰蛋白酶

试剂：胰蛋白酶 100 mg，0.1％氯化钙（pH 7.8）100 mL。

配制方法：先配制 0.1％氯化钙，用 0.1 mol/L NaOH 将其 pH 值调至 7.8，然后加入胰蛋白酶充分溶解。用前将胰蛋白酶消化液在水浴锅中预热至 37 ℃，消化时间 10～30 min。

（二）0.4％胃蛋白酶

试剂：胃蛋白酶 400 mg，0.1 mol/L HCl 100 mL。

配制方法：先配制 0.1 mol/L HCl，然后将胃蛋白酶充分溶解，预热至 37 ℃后使用，消化时间 30 min 左右。

六、黏合剂

（一）铬矾明胶液

试剂：铬矾（或甲铬矾）0.5 g，明矾 5 g，蒸馏水 1000 mL。

配制方法：先将少许蒸馏水溶解铬矾（硫酸铬钾）后，再加入明胶及蒸馏水，于 70 ℃水溶液中胶熔化后置电动磁力搅拌器上，持续搅拌均匀，如有沉渣可过滤后使用。将清洁的载玻片置上述液体中浸泡数分钟后，烤干备用，可防止脱片。

（二）甲醛明胶液

试剂：40％甲醛 2.5 mL，明胶 0.5 g，蒸馏水至 100 mL。

配制方法：将少许蒸馏水（约 80 mL）将明胶加热溶解，待完全溶解后，加入甲醛，最后补充蒸馏水至 100 mL 备用。

用法同铬矾明胶液。

（三）APES 液

试剂：APES 1 mL，丙酮 50 mL。

配制方法：取 APES 1 mL，加丙酮 50 mL，充分搅拌均匀备用。将清洁的载玻片放入 APES 液中 20～30 s 后，取出，用丙酮液洗去多余的 APES 液，注意不要留有气泡，晾干备用。经该方法处理的玻片具有良好的防脱片能力。

（四）多聚赖氨酸液

试剂：多聚赖氨酸（Poly-L-Lysine）1 mL，蒸馏水 10 mL。

配制方法：取市售 Poly-L-Lysine 1 mL，加入蒸馏水 10 mL，置塑料容器中，将清洁的玻片放入该液中 5 min，取出放置无尘干燥箱中晾干备用或 60 ℃ 干燥箱烤干备用。所需容器不能用玻璃制品。经该方法处理的玻片具有很强的黏合能力。但价格较 APES 贵得多。

七、封固剂

（一）缓冲甘油

试剂：纯甘油（分析纯）20 mL，0.5 mol/L 碳酸缓冲液（pH 9.5）20 mL。

配制方法：取纯甘油 20 mL，加入碳酸缓冲液 20 mL，充分混合，待气泡完全消失后，即可使用。

（二）甘油-TBS（PBS）

试剂：纯甘油 90 mL，0.01 mol/L TBS 10 mL，纯甘油

75 mL，0.01 mol/L PBS 25 mL。

配制方法：按上述比例将甘油和 TBS（PBS）充分混合后，置 4 ℃静置，待气泡完全消失后，即可使用。

（三）甘油明胶

试剂：明胶 10 g，甘油 10 mL，蒸馏水 100 mL，麝香草酚少许。

配制方法：称取 10 g 明胶于温热（40 ℃）的蒸馏水中，充分溶解后过滤，再加入 12 mL 甘油混合均匀。少许麝香草酚是为了防腐。

（四）液状石蜡

液状石蜡因含杂质少，很少引起非特异性荧光，故常用于免疫荧光时标本的封固。

（五）DPX

试剂：Distrene 10 g，酞酸二丁酯 5 mL，二甲苯 35 mL。

DPX 为中性封固剂，用于多种染色方法均不易褪色，但使组织收缩较明显，故应尽量使其为均匀的一薄层。

八、其他免疫组织化学试剂的配制

（一）0.5％ Triton X - 100

取 50 μL Triton X - 100 加入 10mL PBS 中，然后放入 37 ℃水浴锅溶解。

（二）柠檬酸盐溶液

储存液的配制：0.1 mol/L 柠檬酸缓冲液（A 液），每升含柠檬酸 21 g；0.1 mol/L 柠檬酸钠缓冲液（B 液），每升含柠檬酸钠 29.4 g。

柠檬酸盐工作液-0.01 mol/L 柠檬酸缓冲液（pH 6.0）的配制：每升含 A 液 19 mL、B 液 81 mL，加蒸馏水溶解，调 pH 值至 6.0，量筒滴定至 1 L。

（三）RIPA

1×PBS，1％NP 40，0.5 脱氧胆酸钠，0.1％ SDS。以上抑制剂以储存液方式保存，临用前加入 PMSF 中。

（四）蔗糖溶液

免疫细胞化学中应用的蔗糖，常用浓度为 5％～30％。一般光镜研究，仅用 20％蔗糖处理已足矣，若制备电镜标本，在冰冻前最好经上行蔗糖（5％、10％、15％、20％及 20％蔗糖-5％甘油等）处理，以确保其良好的细微结构。

1. 20％蔗糖液

试剂：蔗糖 20 g，0.1 mol/L PB（pH7.5）至 100 mL。

配制方法：先以少许 0.1 mol/L 的 PB 溶解蔗糖，再加 0.1 mol/L PB 至 100 mL 充分混合，置 4 ℃冰箱保存。该液多用于纯光镜研究。标本在刚放入浓度如此高的蔗糖液，常浮在上面，当标本沉到底部时即可。通常光镜标本浸泡在 20％蔗糖液中过夜。

2. 20％蔗糖-5％甘油

试剂：蔗糖 20 g；甘油 5 mL；0.1 mol/L PB 至 100 mL（约 95 mL）。

配制方法：先用少许 PB 溶解蔗糖后，再加入甘油，充分混匀，最后补足 PB 至 100 mL，于 4 ℃保存备用。该液主要用于电镜标本的处理，常浸泡过夜（其他浓度的蔗糖中常分别为 2 h 左右）。配制好的蔗糖溶液，放置时间超过 1 个月时，应重新配制。

（五）Triton X‐100（聚乙二醇辛基苯基醚）

免疫细胞化学中，Triton X‐100 常用浓度为 1% 和 0.3%，但通常是先配制成 30% Triton X‐100 储备液，临用时稀释至所需浓度。

30% Triton X‐100 的配制：

试剂：Triton X‐100 28.2 mL，0.1 mol/L PBS（pH 值 7.3）或 0.05 mol/L TBS（pH 7.4）72.8 mL。

配制方法：取 Triton X‐100 及 PBS（或 TBS）混合，置 37 ℃~40 ℃中水浴 2~3 h，使其充分溶解混匀。用前取该储备液稀释至所需浓度。1%Triton X‐100 常用于漂洗组织标本，0.3%Triton X‐100 则常用于稀释血清，配制 BSA 等。

（六）甲醇‐H_2O_2 液

试剂：纯甲醇 10 mL，30% H_2O_2 0.1 mL。

配制方法：吸取 30% H_2O_2 0.1 mL，加入 100 mL 纯甲醇中，充分混匀即可，使 H_2O_2 终浓度为 0.3%（也有的用 0.03%、0.5%等）。

（韦运富　孙国瑛）

附　录

英文缩略语索引

缩略语	英文全称	中文全称
A	avidin	抗生物素蛋白
Ab	antibody	抗体
ABC	avidin biotin peroxid ase complex	抗生物素蛋白-生物素-过氧化物酶复合物法
AEC	3-amino-9-ethylcarbozole	3-氨基-9-乙基卡唑显色液
Ag	antigen	抗原
AMC	aminomethyl coumarin	氨基甲基香豆素
AmeX	acetone methenzoate xylene	丙酮-甲基苯-甲酸-二甲苯
AOD	average optical density	平均光密度，平均吸光度
AP	alkaline phosphatase	碱性磷酸酶
B	biotin	生物素
BAB	bridgedavidin biotin	抗生物素蛋白-生物素法
BLI	bio-layer interferometry	生物膜干涉技术
CCD	charge coupled device	电荷耦合器
CD	cluster of differentiation	簇分化抗原
CK-pan	cytokeratin pan	广谱角蛋白
ConA	conconvalin A	刀豆素 A
Cy	cyanine，Cy2，Cy3，Cy5，Cy7	花青
Cy	carbocyanine	羰花青类

DAB	diaminobenzidine	DAB 显色液或 3，3 - 二氨基苯联胺
DIG	Digoxigenin	地高辛
DIG-AKP	Digoxin-alkaline phosphatase	地高辛-碱性磷酸酶
ELISA	enzyme linked immunosorbent assay	酶联免疫吸附试验
EM	electron microscopy	电子显微镜
Fab 段	fragment antigen binding	抗原结合片段
FCM	flow cytometry	流式细胞术
Fc 段	fragment crystallizable	可结晶片段
FITC	fluorescein isothiocyanate	异硫氰酸荧光素
FNPS	dinitrobenzene sulfone	二硝基苯砜
GOD	glucose oxidase	葡萄糖氧化酶
HRP	horseradish peroxidase	辣根过氧化物酶
H 链	heavy chain	重链
ICC	immunocytochemistry	免疫细胞化学技术
IEM	immunoelectron microscopy	免疫电镜术
IF	immunofluorescence	免疫荧光
Ig	immunoglobulin	免疫球蛋白
IGS	immunogold staining	免疫金染色
IGSS	immunogold-sliver staining	免疫金-银染色法
IHC	immunohistochemistry	免疫组化
IOD	integrated optical density	积分光密度或积分吸光度
LAB	labeled avidin biotin	抗生物素蛋白-生物素标记法
LSAB	labelled streptavidin biotin staining	链霉抗生物素蛋白-生物素染色
LSCM	laser scanning confocal microscope	激光扫描共聚焦显微镜

L 链	light chain	轻链
mAb	monoclonal antibody	单克隆抗体
MHC	major histocompatibility complex	组织相容性复合体
OD	optical density	光密度
PAb	polyclonal antibody	多克隆抗体
PAP	peroxidase antioxidant peroxidase complex method	过氧化物酶-抗-过氧化物酶复合物法
PAS	periodic acid Schiff reaction	过碘酸希夫反应
PB	phosphate buffer	磷酸盐缓冲液
PBQ	Parabenzoquinone	对苯醌
PBS	phosphate buffered saline	磷酸盐缓冲生理盐水
PEG	polyethylene glycol	聚乙烯二醇
PFG	parabenzoquinone-formaldehyde-glutaralde-hyde fixative	对苯并醌甲醛戊二醛固定剂
PHA	phytoagglutin	植物凝集素
PLP	periodate-lysine-paraformalde-hyde	过碘酸-赖氨酸-多聚甲醛
PMT	photomultiplier tube	光电倍增管
PMSF	phenylmethyl sulfonyl fluoride	苯甲基磺酰氟
PNA	peanut agglutinin	花生凝集素
protein A	staphylococcal protein A	金黄色葡萄球菌蛋白 A
protein G	streptococcal protein G	链状球菌蛋白 G
RB200	tetraethylrodamine B200	四乙基罗达明
RIA	radioimmunoassay	放射免疫法
SBA	soybean agglutinin	大豆凝集素
SDS	sodium dodecyl sulfate	十二烷基硫酸钠
SEM	Scanning Electron microscopy	扫描电镜

SITS	4-acetamide-4-isothiocyanate-2-stilbene sulfate	4-乙酰胺-4-异硫氰酸-2-硫酸芪
SPA	staphyloccaf protein A	葡萄球菌 A 蛋白
SPR	surface plasmon resonance method	表面等离子共振法
TBS	tris buffered saline	Tris 缓冲生理盐水
TEM	transmission electron microscopy	透射电镜
TMRITC	tetramethyl rhodamine isothiocyanate	四甲基异硫氰酸罗达明
V 区	variable region	可变区
WB	Western Blot	免疫印迹法
WGA	wheat germ agglutinin	麦胚素
β-D-Gal	β-D galactosidase	β-D 半乳糖苷酶

图书在版编目（ＣＩＰ）数据

实用组织化学与细胞化学技术 / 孙国瑛，李美香主编. —
长沙 ： 湖南科学技术出版社，2022.8
  ISBN 978-7-5710-1684-5

  Ⅰ．①实… Ⅱ．①孙… ②李… Ⅲ．①组织化学②细胞化学
Ⅳ．①Q5②Q26

  中国版本图书馆 CIP 数据核字(2022)第 143306 号

SHIYONG ZUZHI HUAXUE YU XIBAO HUAXUE JISHU
实用组织化学与细胞化学技术
主　　编：孙国瑛　李美香
副 主 编：莫中成　李素云
出 版 人：潘晓山
责任编辑：王舒欣　姜 岚
出版发行：湖南科学技术出版社
社　　址：长沙市芙蓉中路一段 416 号泊富国际金融中心
网　　址：http://www.hnstp.com
邮购联系：0731-84375808
印　　刷：长沙超峰印刷有限公司
　　　　　（印装质量问题请直接与本厂联系）
厂　　址：长沙市宁乡县金洲新区泉洲北路 100 号
邮　　编：410600
版　　次：2022 年 8 月第 1 版
印　　次：2022 年 8 月第 1 次印刷
开　　本：880mm×1230mm　1/32
印　　张：8.5
插　　页：24 页
字　　数：214 千字
书　　号：ISBN 978-7-5710-1684-5
定　　价：68.00 元